固定式压力容器
年度检查实施指南

薛红伟　编著

机械工业出版社

本书从法律、法规和相关安全技术规范的规定出发，全面系统地阐述了如何实施固定式压力容器的年度检查。正文内容包括固定式压力容器年度检查的相关规定和要求，年度检查的项目、内容及结果处理，年度检查记录和报告的编制，年度检查常见问题；附录给出了压力容器使用单位应建立的安全管理制度示例、压力容器安全操作规程要求及示例、压力容器使用单位常用记录推荐表格模板、固定式压力容器专项应急预案示例，以及压力容器年度检查记录和报告示例。

本书可供固定式压力容器使用单位安全管理人员、技术人员、作业人员和特种设备检验人员使用，也可供特种设备安全监察人员和相关人员使用，同时可作为特种设备安全管理和作业人员培训参考用书。

图书在版编目（CIP）数据

固定式压力容器年度检查实施指南/薛红伟编著.—北京：机械工业出版社，2024.3
ISBN 978-7-111-74471-9

Ⅰ.①固…　Ⅱ.①薛…　Ⅲ.①压力容器-年检-指南　Ⅳ.①TH49-62

中国国家版本馆 CIP 数据核字（2023）第 242773 号

机械工业出版社（北京市百万庄大街 22 号　邮政编码 100037）
策划编辑：吕德齐　　　　　　责任编辑：吕德齐　戴　琳
责任校对：郑　婕　梁　静　　封面设计：马若濛
责任印制：郜　敏
中煤（北京）印务有限公司印刷
2024 年 3 月第 1 版第 1 次印刷
169mm×239mm · 11.25 印张 · 216 千字
标准书号：ISBN 978-7-111-74471-9
定价：59.00 元

电话服务　　　　　　　　网络服务
客服电话：010-88361066　机　工　官　网：www.cmpbook.com
　　　　　010-88379833　机　工　官　博：weibo.com/cmp1952
　　　　　010-68326294　金　　书　　网：www.golden-book.com
封底无防伪标均为盗版　机工教育服务网：www.cmpedu.com

固定式压力容器是指安装在固定位置，盛装气体或者液体，承载一定压力的密闭设备。它与人们的生产、生活密不可分，广泛应用于石油化工、医药、纺织、食品、冶金、动力、核能及运输等各领域，如化工生产中的反应设备、换热设备、分离设备、储存设备，以及核反应堆压力壳、锅炉筒体等。

由于固定式压力容器盛装的介质往往易燃易爆或者有毒有害，是潜在的风险点和危险源，加上可能存在设计不合理、制造缺陷、安装不规范、管理不善、操作不规范、环境变化、介质工况复杂等因素，造成其在使用过程中危险程度进一步加大，因此确保压力容器的安全运行具有重要意义。目前，为保证压力容器安全运行，《固定式压力容器安全技术监察规程》（TSG 21）对固定式压力容器的法定检验周期做了规定，一般情况下每 3~6 年进行一次定期检验，这是综合考虑了固定式压力容器的失效机理、结构特征、介质特性、腐蚀速率、材料性能、安全状况等级等因素确定的检验时间。但是在检验周期 3~6 年内的每个自然年，因管理不当、操作失误、异常腐蚀、设备变形、安全附件失效等产生的安全风险仍然较大，尤其是在 2009 年取消压力容器的安装监督检验要求以后，压力容器的安装质量参差不齐，使得安全情况更为复杂，给压力容器的安全稳定运行带来了很大的安全隐患。《固定式压力容器安全技术监察规程》只考虑了在正常操作条件下压力容器的使用周期，因此早在 2004 年 6 月，国家质量监督检验检疫总局颁布的《压力容器定期检验规则》（TSG R7001—2004）中就提出了年度检查的要求，以及时消除在定期检验有效期内的安全隐患。

固定式压力容器年度检查是《中华人民共和国特种设备安全法》《特种设备安全监察条例》《特种设备使用管理规则》（TSG 08）及特种设备相关法律法规、安全技术规范要求使用单位在使用特种设备过程中必须进行的一项工作，是固定式压力容器定期检验不可或缺的重要补充，频次为每年至少一次。

目前，部分使用单位将年度检查工作委托给有相应检验资质的特种设备检验机构进行。还有大部分单位尚未开展年度检查工作，或者开展得不好，原因是不知道如何开展检查工作、检查哪些内容、怎么进行检查、哪些是检查的重点、检查的结果如何处理等。

本书从法律、法规和相关安全技术规范的规定出发，全面系统地阐述了固定式压力容器年度检查的目的及原因、检查方式方法、检查项目、检查内容、检查结果判定及处理、检查常见问题等内容，针对不同的检查项目，给出了相关知识提示，使读者能迅速、全面、深入地了解和掌握每个项目的知识点和检查技能。

本书在编写过程中得到陕西省质量技术监督局特种设备安全监察局原局长周拴成、西安兵器工业特种设备检测有限责任公司总工程师崔省安的指导和大力支持，在此表示衷心感谢。

书中如果存在与现行有效法规、规章、技术规范和标准有出入的内容，以现行有效的法规、规章、技术规范和标准为准。

本书中提及的压力容器均指固定式压力容器。

由于编著者水平有限，书中错漏之处恳请读者批评指正。

编著者邮箱：294470529@qq.com。

编著者

目 录

第 1 章

固定式压力容器年度检查的
相关规定和要求

1.1　年度检查的原因及目的

　　压力容器在使用过程中，由于设计、制造、安装、材料、结构等内在原因和盛装介质、环境温度湿度、运行工况、违章操作、安全附件和装置失效、安全联锁装置失灵等外界的因素，会出现各种各样的安全问题和事故隐患，需要经常性地进行维护保养和定期检查纠偏，才能保持正常的安全运行状况。定期做好压力容器的检查工作，可使一些问题得到及时发现，及时处理，以保证设备的安全运行。根据《中华人民共和国特种设备安全法》规定，特种设备的定期自行检查工作是使用单位的一项义务，也是提高设备使用寿命的一项重要手段，可以使特种设备在使用周期内的安全使用得到一定程度的有效保证。

　　压力容器的定期自行检查，包括月度检查和年度检查。月度检查是指使用单位每月对所使用的压力容器至少进行 1 次检查，其主要检查内容为压力容器本体及其安全附件、装卸附件、安全保护装置、测量调控装置、附属仪器仪表是否完好，各密封面有无泄漏，以及其他异常情况等。

　　压力容器年度检查是压力容器安全管理的重要环节和内容，是为了确保压力容器在检验周期内的安全而实施的运行过程中的在线检查，每年至少 1 次。使用单位应当根据在用压力容器的使用、安全及管理情况，制定具体的检查时间（建议在安装使用后满 1 年或在上次定期检验后满 1 年时进行）、频次和检查内容。检查的项目、要求应该按照安全技术规范的规定和设备使用说明进行。检查情况应当加以记录。在维护保养和自行检查中，发现的异常情况也必须做好记录。许多使用单位都有维护保养、定期检查制度，并制定相关的记录表格。

　　特种设备在使用过程中，由于内在原因（如设计不合理或错误、制造缺陷、材料错用、材料缺陷、安装缺陷等）和外在原因（如管理不当、环境变化、温度剧变、介质有害成分增加、异常振动以及人为拆除安全保护装置等）及在运行中发生的损伤（如高温蠕变、变形、减薄、材料损伤、材质劣化等）等因素，会出现各种各样的问题。这些问题往往是压力容器产生失效的前兆。在进行经常

1

性的维护保养和定期自行检查时可使这些问题得到及时发现并有效处理，以保证压力容器的安全稳定运行，不会造成突发性的灾难事故。

根据相关压力容器安全技术规范，固定式压力容器的定期检验（全面检验）有效期见表1-1和表1-2。而在定期检验有效期内运行的压力容器，会因使用、管理以及其他原因，在定期检验时所确定的压力容器安全状况等级所允许的缺陷可能扩展，也可能产生新缺陷，从而危及压力容器的安全使用，其安全就需要年度检查来完成和保证。同时，固定式压力容器的定期检验会提出一些影响安全运行的隐患问题，其整改和落实以及持续有效性也要通过年度检查进行验证。压力容器的损伤情况会随时发生变化，对于高风险压力容器来说，这种变化是很危险的，通过年度检查，可对高风险压力容器的损伤情况进行监测；失常的操作条件会对压力容器产生损伤，通过对运行损伤条件相关因素（如管理制度的实施、操作人员、操作工艺等）的监测，推测压力容器出现损伤的可能性。

表1-1　固定式压力容器（金属压力容器）检验有效期一览表

序号	容器状态	安全状况等级	容器名称、类别	有效期
1	新装容器	—	采用"亚铵法"造纸工艺且无有效防腐措施的蒸球	1年
2		—	使用标准抗拉强度下限值大于540MPa的低合金钢制球形储罐	1年
3		—	除以上两类外其他容器	3年
4	首次定期检验后使用的压力容器	1、2级	介质腐蚀速率<0.1mm/年，有可靠耐腐蚀金属衬里或涂层，经1~2次定期检验确认腐蚀轻微	12年
5			装有触媒的反应容器及装有填料的压力容器	根据设计图样和实际使用情况确定
6			其他容器	一般6年
7		3级	—	一般3~6年
8		4级	—	监控使用，累计不超过3年，采取有效监控措施
9		5级	—	报废、修复或进行合于使用评价
10		RBI	检验周期根据压力容器风险水平确定，或不超过剩余使用年限的一半	不超过9年

表 1-2 固定式压力容器（非金属压力容器）检验有效期一览表

序号	容器状态	安全状况等级	容器名称、类别	有效期
1	新装容器	—	非金属容器	1 年
2	首次定期检验后使用的压力容器	1 级	非金属容器	一般 3 年
3		2 级	非金属容器	一般 2 年
4		3 级	非金属容器	监控使用，累计不超过 1 年
5		4 级	非金属容器	不得继续在当前介质下使用
6		5 级	非金属容器	应对缺陷进行处理，否则不得使用

区别于固定式压力容器定期检验，年度检查是一种在线形式的检查，主要检查压力容器安全管理情况、压力容器本体及其运行状况和压力容器安全附件等，不需要压力容器停机或者打开检查，也不需要拆除管道连接、密封、附件（含安全附件及仪表）和内件等，不会影响使用单位正常生产工作，简便易行。

1.2 年度检查的依据

特种设备相关的法律法规和安全技术规范均对压力容器的年度检查提出了明确要求。

《中华人民共和国特种设备安全法》第三十九条规定，特种设备使用单位应当对其使用的特种设备进行经常性维护保养和定期自行检查，并做出记录；第八十三条规定，特种设备使用单位未对其使用的特种设备进行经常性维护保养和定期自行检查，责令限期改正；逾期未改正的，责令停止使用有关特种设备，处一万元以上十万元以下罚款。

《特种设备使用管理规则》（TSG 08—2017）第 2.2 条使用单位主要义务第（7）款规定，应对在用特种设备进行经常性维护保养和定期自行检查，及时排查和消除事故隐患等；第 2.7.2 条规定，为保证特种设备的安全运行，特种设备使用单位应当根据所使用特种设备的类别、品种和特性进行定期自行检查。定期自行检查的时间、内容和要求应当符合有关安全技术规范的规定及产品使用维护保养说明的要求。

《固定式压力容器安全技术监察规程》（TSG 21—2016）第 7.1.5.2 条规定，使用单位每年对所使用的压力容器至少进行 1 次年度检查，年度检查按照本规程 7.2 的要求进行。年度检查工作完成后，应当进行压力容器使用安全状况分析，并且及时消除年度检查中发现的隐患。年度检查工作可以由压力容器使用单位安全管理人员组织经过专业培训的作业人员进行，也可以委托有资质的特种设备检验机构进行。

1.3 年度检查的基本概念及要求

1. 年度检查的基本概念

年度检查是指使用单位在压力容器运行的条件下，检查是否有影响压力容器安全运行的异常情况，每年至少进行 1 次。

2. 年度检查的内容

年度检查的项目至少包括压力容器安全管理情况、压力容器本体及其运行状况和压力容器安全附件检查等。

3. 年度检查的要求

1）由使用单位安全管理人员组织经过专业培训的作业人员进行，也可以委托有资质的特种设备检验机构进行。

2）年度检查由使用单位自行实施时，应按规定的检查项目、要求进行记录，并且出具年度检查报告。

3）年度检查工作完成后，应当进行压力容器使用安全状况分析，及时消除检查中发现的隐患。

4）年度检查报告由使用单位安全管理负责人或者授权的安全管理人员审批。

4. 年度检查结论

年度检查工作完成后，检查人员根据实际检查情况出具检查报告，做出以下结论意见：

1）符合要求，指未发现或者只有轻度不影响安全使用的缺陷，可以在允许的参数范围内继续使用。

2）基本符合要求，指发现一般缺陷，经过使用单位采取措施后能保证安全运行，可以有条件地监控使用，结论中应当注明监控运行需要解决的问题及其完成期限。

3）不符合要求，指发现严重缺陷，不能保证压力容器安全运行的情况，不允许继续使用，应当停止运行或者由检验机构进行进一步检验。

固定式压力容器年度检查的项目、内容及结果处理

2.1 年度检查项目

压力容器年度检查项目至少包括压力容器安全管理情况、压力容器本体及运行状况、压力容器安全附件检查和其他检查项目共 4 大类 61 小项内容。其中安全管理情况共需检查安全管理制度、安全技术档案等 8 项内容（见表 2-1 序号 1~8）；压力容器本体及其运行状况的基本要求共需检查产品铭牌及其有关标志、本体及接口等 11 项内容（见表 2-1 序号 9~19）；非金属及非金属衬里压力容器共需检查搪玻璃、石墨及石墨衬里、纤维增强塑料及纤维增强塑料衬里、热塑性塑料衬里等压力容器 14 项内容（见表 2-1 序号 20~33）；压力容器安全附件及仪表共需检查安全阀、爆破片装置等 6 大项 27 小项内容（见表 2-1 序号 34~60）；根据使用单位的情况增加的其他检查项目（见表 2-1 序号 61）。

表 2-1　固定式压力容器年度检查项目与内容

序号	检查项目与内容	
1	安全管理情况检查	压力容器的安全管理制度是否齐全有效
2		设计文件、竣工图样、产品合格证、产品质量证明文件、安装及使用维护保养说明、监督检验证书及安装、改造、修理资料等是否完整
3		特种设备使用登记证、特种设备使用登记表是否与实际相符
4		压力容器日常维护保养、运行记录、定期安全检查记录是否符合要求
5		压力容器年度检查、定期检验报告是否齐全，检查、检验报告中所提出的问题是否得到解决
6		安全附件及仪表校验（检定）、修理和更换记录是否齐全真实
7		是否有压力容器专项应急预案和演练记录
8		是否对压力容器事故、故障情况进行了记录
9	压力容器本体及其运行状况检查	基本要求	压力容器的产品铭牌及其有关标志是否符合有关规定
10			压力容器的本体、接口（阀门、管路）部位、焊接（粘接）接头等有无裂纹、过热、变形、泄漏、机械接触损伤等
11			外表面有无腐蚀，有无异常结霜、结露等

（续）

序号	检查项目与内容		
12	压力容器本体及其运行状况检查	基本要求	隔热层有无破损、脱落、潮湿、跑冷
13			检漏孔、信号孔有无漏液、漏气，检漏孔是否通畅
14			压力容器与相邻管道或者构件间有无异常振动、响声或者相互摩擦
15			支承或者支座有无损坏，基础有无下沉、倾斜、开裂，紧固件是否齐全、完好
16			排放（疏水、排污）装置是否完好
17			运行期间是否有超温、超压、超量等现象
18			罐体有接地装置的，检查接地装置是否符合要求
19			监控使用的压力容器，监控措施是否有效实施
20		搪玻璃压力容器	压力容器外表面防腐漆是否完好，是否有锈蚀、腐蚀现象
21			密封面是否有泄漏
22			夹套底部排净（疏水）口开闭是否灵活
23			夹套顶部放气口开闭是否灵活
24		石墨及石墨衬里压力容器	压力容器外表面防腐漆是否完好，是否有锈蚀、腐蚀现象
25			石墨件外表面是否有腐蚀、破损和开裂现象
26			密封面是否有泄漏
27		纤维增强塑料及纤维增强塑料衬里压力容器检查	压力容器外表面防腐漆是否完好，是否有腐蚀、损伤、纤维裸露、裂纹或者裂缝、分层、凹坑、划痕、鼓包、变形现象
28			管口、支撑件等连接部位是否有开裂、拉脱现象
29			支座、爬梯、平台等是否有松动、破坏等影响安全的因素
30			紧固件、阀门等零部件是否有腐蚀破坏现象
31			密封面是否有泄漏
32		热塑性塑料衬里压力容器	压力容器外表面金属基体防腐漆是否完好，是否有锈蚀、腐蚀现象
33			密封面是否有泄漏
34	安全附件及仪表检查	安全阀	选型是否正确
35			是否在校验有效期内使用
36			杠杆式安全阀的防止重锤自由移动和杠杆越出的装置是否完好，弹簧式安全阀的调整螺钉的铅封装置是否完好，静重式安全阀的防止重片飞脱的装置是否完好
37			如果安全阀和排放口之间装设了截止阀，截止阀是否处于全开位置及铅封是否完好
38			安全阀是否有泄漏
39			放空管是否通畅，防雨帽是否完好

（续）

序号	检查项目与内容		
40		爆破片装置	爆破片是否超过规定使用期限
41	安全附件及仪表检查		爆破片的安装方向是否正确，产品铭牌上的爆破压力和温度是否符合运行要求
42			爆破片装置有无渗漏
43			爆破片使用过程中是否存在未超压爆破或者超压未爆破的情况
44			与爆破片夹持器相连的放空管是否通畅，放空管内是否存水（或者冰），防水帽、防雨片是否完好
45			爆破片和压力容器间装设的截止阀是否处于全开状态，铅封是否完好
46			爆破片和安全阀串联使用，如果爆破片装在安全阀的进口侧，检查爆破片和安全阀之间装设的压力表有无压力显示，打开截止阀检查有无气体排出
47			爆破片和安全阀串联使用，如果爆破片装在安全阀的出口侧，检查爆破片和安全阀之间装设的压力表有无压力显示，如果有压力显示应当打开截止阀，检查能否顺利疏水、排气
48		安全联锁装置	快开门式压力容器的安全联锁装置是否完好，功能是否符合要求
49		压力表	压力表的选型是否符合要求
50			压力表的定期检修维护、检定有效期及其封签是否符合规定
51			压力表外观、精确度等级、量程是否符合要求
52			在压力表和压力容器之间装设三通旋塞或者针形阀时，其位置、开启标记及其锁紧装置是否符合规定
53			同一系统上各压力表的读数是否一致
54		液位计	液位计的定期检修维护是否符合规定
55			液位计外观及其附件是否符合规定
56			寒冷地区室外使用或者盛装0℃以下介质的液位计选型是否符合规定
57			介质为易爆、毒性危害程度为极度或者高度危害的液化气体时，液位计的防止泄漏保护装置是否符合规定
58		测温仪表	测温仪表的定期校验和检修是否符合规定
59			测温仪表的量程与其检测的温度范围是否匹配
60			测温仪表及其二次仪表的外观是否符合规定
61	其他检查项目		按使用单位实际情况，增加检查项目，如紧急切断阀等

2.2　年度检查的方法及内容

年度检查方法以宏观检查为主，主要进行资料检查、记录检查、外观检查和功能性验证等，必要时进行测厚、壁温检查和静电接地电阻测量、腐蚀介质含量测定、真空度测试等。

2.2.1　安全管理情况检查

1. 压力容器的安全管理制度

（1）检查项目　压力容器的安全管理制度是否齐全有效。

（2）检查方法　资料检查、记录检查。

（3）检查要求　压力容器的安全管理制度应按相关法律法规和安全技术规范的规定齐全有效。

（4）检查内容　根据《特种设备使用管理规则》（TSG 08—2017）第2.6.1条规定，压力容器使用单位至少建立健全以下各项管理制度，检查是否齐全；是否与使用单位相适应（具有可操作性）；是否经过培训学习已经实施，且在有效状态。

1）特种设备安全管理机构（需要设置时）和相关人员岗位职责。

2）特种设备经常性维护保养、定期自行检查和有关记录制度。

3）特种设备使用登记、定期检验实施管理制度。

4）特种设备隐患排查治理制度。

5）特种设备安全管理人员与作业人员管理和培训制度。

6）特种设备采购、安装、改造、修理、报废等管理制度。

7）特种设备应急救援管理制度。

8）特种设备事故报告和处理制度。

9）高耗能特种设备（换热器）节能管理制度。

10）压力容器装置巡检制度。

11）压力容器操作规程。

12）压力容器档案管理制度。

（5）检查记录　逐项检查，记录缺项情况；检查各项制度是否完整、是否有可操作性及实施情况；检查各项制度实施的见证性记录。

（6）结果判定　有一项缺项或不符合，该项目检查结论为"不符合要求"。

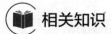 **相关知识**

管理制度是组织、机构、单位管理的工具，是一个单位对各方面活动的规定

框架，是对一定的管理机制、管理原则、管理方法以及管理机构设置的规范。它是实施管理行为的依据，是单位合法有序运作的保证。管理制度具有权威性、完整性、排他性、可执行性及相对稳定性等特征。合理的管理制度可以简化管理过程，降低运作成本，防止管理的任意性，激励员工工作的积极性，提高管理效率。

特种设备安全管理制度是指从事特种设备各项活动的单位根据有关的法律、法规、规章和安全技术规范的规定，包括各种人员岗位职责、安全管理机构职责、作业安全管理、技术档案管理、日常维护保养和运行记录规定，定期安全检查、年度检查、隐患治理规定，定期检验报检和实施规定，应急救援制度和专项预案、人员培训管理规定，特种设备采购、验收、安装、改造、修理、报废等管理规定，事故报告和处理规定，贯彻安全技术规范和接受安全监察的规定等内容，目的是保证特种设备安全运行。建立特种设备安全管理制度是解决特种设备安全工作谁来做、怎么做、不这样做要承担什么责任、接受什么惩罚等问题，是特种设备安全管理工作的行为准则。

建立健全特种设备安全管理制度，不仅是特种设备使用单位自身生产安全的需要，也是特种设备使用单位应当履行的法定义务。特种设备使用单位应当切实做到特种设备安全使用有章可循、有章必循、违章必究，避免发生违章指挥、违章操作的行为。

特种设备安全管理制度中首先是岗位责任制。岗位责任制是指特种设备使用单位应根据各个工作岗位的性质和所承担活动的特点，明确规定其任职资格、职责、权限，明确岗位内容与要求，并按照规定的标准进行考核及奖惩而建立起来的制度，一般包括岗位职责、交接班制度、巡回检查制度等。实施岗位责任制一般应遵循才能与岗位相统一的原则、职责与权利相统一的原则、考核与奖惩相一致的原则，定岗到人，明确各种岗位的工作内容、数量和质量，应承担的责任等，以保证各项工作有秩序地进行。

隐患是导致事故的根源，因此通常也称为事故隐患；治理是指采取措施消除隐患、预防事故发生的行为。隐患治理一般包括找出和查明隐患的现状及其产生的原因、危害程度和整改难易程度分析，并提出隐患治理方案。隐患治理方案一般包括治理的目标和任务、采取的方法和措施、经费和物资的落实、负责治理的机构和人员、治理的时限和要求、安全措施和应急预案。在事故隐患治理过程中，对于事故隐患排除前或者排除过程中无法保证安全的特种设备，应当停止使用。隐患治理制度是指特种设备使用单位为了做好事故隐患治理工作，以预防事故发生、保障人员生命财产安全为目的，建立的一项安全管理制度。

特种设备使用单位是隐患治理的主体。特种设备使用单位应加强对事故隐患的预防和治理，以防止、预防和减少事故的发生，保障员工生命财产安全为目的，建立隐患排查治理长效机制的安全管理制度。特种设备事故隐患，是指违反特种设备安全法律、法规、规章、安全技术规范及相关标准、安全管理制度的规定，或者因其他因素在生产、使用等活动中存在可能导致事故发生的设备的不安全状态、人的不安全行为和管理的缺失。

特种设备使用单位应当针对可能出现的事故隐患建立安全检查制度，在规定时间、内容和频次进行检查，及时收集、查找并上报发现的事故隐患，并积极采取措施进行整改，消除事故隐患。

应急救援一般是指针对突发、具有破坏力的紧急事件采取预防、预备、响应和恢复的活动与计划。应急救援的特点是迅速、准确、有效。应急救援的基本任务包括：一是立即组织营救受害人员，组织撤离或者采取其他措施保护危险区域的其他人员；二是迅速控制事态，并对事故造成的危险、危害进行监测、检测，测定事故的危害区域、危害性质及危害程度；三是消除危害后果，做好现场恢复；四是查明事故原因，评估危害程度。应急救援制度是指特种设备使用单位结合本单位所使用的特种设备的主要失效模式、失效后果和可能造成的危害，建立的有关应急救援体制、机制等方面的制度，即针对特种设备可能引起的突发、具有破坏性的紧急事件，而采取有计划、有针对性和可操作的预防、预备、应急处置、应急救援和恢复活动的安全管理制度。

应急救援制度是指特种设备使用单位根据本单位所使用的特种设备的主要失效模式、失效后果和可能造成的危害，建立的有关应急救援体制、机制等方面的制度。即针对特种设备可能引起的突发、具有破坏性的紧急事件，而采取有计划、有针对性和可操作的预防、预备、应急处置、应急救援和恢复活动的安全管理制度。

特种设备应急救援制度的内容，一般包括应急指挥机构、职责分工、设备危险性评估、应急通信方案、应急响应方案、应急处置方案、应急队伍及装备、应急演练等。

操作规程是指对作业人员正确操作设备的有关规定和程序。特种设备操作规程是指特种设备使用单位为保证设备正常运行而制定的具体作业内容、程序和要求的文件，包括作业人员在全部操作过程中必须了解和遵守的事项、程序及动作等规定。科学制定并严格执行特种设备操作规程是保证特种设备安全使用的重要措施。特种设备安全操作规程是用于解决作业人员操作中应当遵循的操作程序、工作要求和安全注意事项等问题，是作业人员安全操作的工作规范，其制定应当结合本单位的具体情况和设备的具体特性，并且符合特种设备使用维护保养说明书的要求。操作规程至少包括以下内容：

1）操作工艺参数（含工作压力、最高或者最低工作温度）。
2）岗位操作方法（含开、停车的操作程序和注意事项）。

3）运行中重点检查的项目和部位，运行中可能出现的异常现象和防止措施，以及紧急情况的处置和报告程序。

为防止年度检查人员在进行年度检查时对压力容器使用单位至少要建立的管理制度不清楚，在检查过程中遗漏检查内容，在本书推荐的年度检查记录示例（见附录 E）中，将使用单位至少要建立的 12 项管理制度列举出来，要求逐项检查这 12 项管理制度的完整性、内容符合性等。

本书附录 A、B 中给出了固定式压力容器使用单位至少应建立的 12 项安全管理制度和安全操作规程示例，供相关单位安全管理人员、技术人员、检验人员、作业人员等学习和参考。

2. 压力容器的设计、制造、安装、改造、维修等资料

（1）检查项目　压力容器的设计文件、竣工图样、产品合格证、产品质量证明文件、安装及使用维护保养说明、监督检验证书以及安装、改造、修理资料等是否完整。

（2）检查内容　对照压力容器装箱单等资料，检查固定式压力容器的以下资料。

1）设计文件：根据《固定式压力容器安全技术监察规程》，压力容器的设计文件包括风险评估报告（第三类容器要求）、强度计算书（应力分析报告）、设计图样、制造技术条件、安装及使用维护保养说明；装设安全阀、爆破片等超压泄放装置的压力容器，设计文件还应包括压力容器安全泄放量、安全阀排量和爆破片泄放面积计算书等。

2）竣工图样：加盖设计单位设计专用章、制造单位竣工图专用章，编制、审核等签字齐全，与压力容器实际状况一致。

3）产品合格证、产品数据表：表中的信息内容与所检查压力容器一致。

4）产品质量证明文件：至少包括材料清单、主要受压元件材料质量证明书、质量计划、外观及几何尺寸检验报告、焊接记录、无损检测报告、热处理报告及自动记录曲线、耐压试验报告、泄漏试验报告、产品铭牌拓印件或复印件等。

5）监督检验证书：特种设备（压力容器）制造监督检验证书和改造重大修理监督检验证书、进口特种设备安全性能监督检验证书等。

6）安装、改造、修理资料：安装改造重大修理告知书、安装（改造）设计图样、交工资料（全套）等。

（3）检查记录　逐项检查是否完整，记录缺项情况，对于缺少的必要资料，须联系制造单位、检验机构等补充完善。

（4）结果判定　有一项缺项或不符合，且制造单位等相关单位无法补充完善的，该项目检查结论为"不符合要求"。

📖 **相关知识**

特种设备使用单位建立特种设备安全技术档案，是特种设备管理的一项重要内容。由于特种设备在使用过程中会因各种因素产生缺陷，需要维护、修理，定期进行检验等，部分特种设备还需要进行能效状况评估，这些都要以特种设备的设计、制造、安装等原始文件资料和使用过程中的历次改造、修理、自行检验检测、定期检验等过程文件资料作为依据。建立完善的设备档案并保持完整，也反映了特种设备使用单位的管理水平。压力容器的设计、制造、安装、改造、维修等资料是使用单位逐台建立的特种设备（固定式压力容器）安全技术档案的重要内容之一。

目前，特种设备档案的管理和保存不规范导致档案资料损毁、丢失，是使用单位存在的一个普遍现象，特别是一些小型企业，管理人员流动性大，档案丢失情况相当严重。为此应根据《中华人民共和国特种设备安全法》第三十五条、《特种设备使用管理规则》第2.5条规定不断完善特种设备安全技术档案内容和保存制度，按照国家规定的年限，进一步明确保存期限，充分发挥特种设备安全技术档案的作用。

压力容器的安全技术档案包括证明特种设备本身质量的文件和使用过程中的记录文件等方面。

证明特种设备本身质量的文件包括设计单位、制造单位、安装单位提供的设计、制造、安装文件，有设计文件、制造质量证明书、监督检验证书、特种设备使用说明书、安装质量证明书等。特种设备在使用中，因工作需要进行改变性能的改造，应当按照设计、制造、安装的有关规定，做好改造的设计、施工的各项检查及生产过程的监督检验等，需要设计、施工单位出具设计文件和施工质量证明等资料。特种设备在运行中发生问题或者在自行检验、检测、检查中发现缺陷，需要进行修理。一般修理只要求做好记录；对一些重大修理，如承压设备的承压部件修理应该由负责修理的单位出具证明（按规定出具产品合格证、质量证明书等），并需要由检验单位出具监督检验报告。这些文件是反映特种设备基本状况的原始文件，证明了特种设备本身安全性能，是设计、制造、安装、改造、修理单位出示的一种安全性能保证。

使用过程中的记录文件包括定期检验、改造、维修证明，自行检查记录，设备日常运行状况记录，日常维护保养记录，运行故障和事故记录。

定期检验记录主要是记载由特种设备检验检测机构按照安全技术规范进行定期检验的情况，检验报告也应该存档。为及时发现特种设备运行中的各种隐患，并对设备安全使用状况进行分析，特种设备使用单位或管理单位应组织对使用过程中的特种设备进行年度检查和定期巡回检查。一般情况下，自行检查和巡回检查是在不停机的情况下进行的，反映设备在当时的安全运行状况，都需要记录下来。如石化企业对运行中的装置要求进行巡回检查，承压类特种设备使用单位在运行前，要进行检查等，检查情况都要进行记录。

特种设备在运行过程中，必须控制其运行参数，如压力容器的运行压力、运行温度、运行时间等，虽然许多设备已经利用自动仪表进行自动记录，但还必须由作业员进行观察并记录这些运行参数。特种设备在运行过程中，要进行一定的维护保养，以便保持正常、可靠的运行状况，因此维护保养情况也必须记录。特种设备在运行过程中出现的故障和发生的事故及其处理情况也要如实进行记录。对特种设备的使用过程进行记录，是强化责任的一种手段，是确保特种设备安全运行的一种措施，当出现问题时有据可查，便于分析，以便提出处理意见。

压力容器的设计文件、竣工图样、产品合格证、产品质量证明文件、安装及使用维护保养说明、监督检验证书以及安装、改造、修理资料是证明特种设备本体质量的资料和文件，也是《中华人民共和国特种设备安全法》要求特种设备使用单位建立特种设备安全技术档案的内容。

3. 特种设备使用登记证和特种设备使用登记表

（1）检查项目　压力容器的特种设备使用登记证和特种设备使用登记表是否与实际相符。

（2）检查要求　该台压力容器的特种设备使用登记证和特种设备使用登记表应与单位的名称、营业执照、设备铭牌、出厂资料等实际情况一致。

（3）检查内容

1）是否有特种设备使用登记证和特种设备使用登记表。

2）特种设备使用登记证和特种设备使用登记表中的设备名称、工艺参数、使用单位名称等信息是否与公司实际情况和所检查的固定式压力容器一致。

（4）检查记录　逐项检查，记录缺项情况和不一致情况。在记录第二页"问题及其处理"栏中汇总缺项情况和不一致情况；对超设计寿命使用的压力容器，应记录使用单位主要技术负责人批准手续和特种设备使用登记证变更情况。

（5）结果判定　有一项不符合或不一致，该项目检查结论为"不符合要求"。

📖 **相关知识**

特种设备使用登记是指特种设备使用单位在特种设备正式投入使用前，向具有管辖权的特种设备安全监管部门办理使用登记手续，取得特种设备使用登记证的行为。特种设备使用登记属于行政许可范畴，办理特种设备使用登记手续，是特种设备使用单位的一项法定义务。除新投用的特种设备应当办理使用登记手续外，特种设备的变更，包括更名、移装、改造、重大修理等，使得原登记信息发生变化的也需要重新办理使用登记手续。

特种设备使用单位应当在特种设备使用前或使用后 30 日内,向特种设备使用所在地负责特种设备使用登记的安全监督管理部门申请办理使用登记,领取特种设备使用登记证,对于整机出厂的压力容器,一般应在投入使用前按台办理使用登记。

简单压力容器、移动式空气压缩机的储气罐不需要办理使用登记,在设计使用年限内不需要进行定期检验。

实施特种设备使用登记制度是为了使特种设备安全监管部门及时了解和掌握特种设备的使用情况,防止不符合特种设备安全技术规范要求的特种设备投入使用,有利于对特种设备的安全监督管理,是安全监督管理制度的一项重要内容,但登记的形式和性质都有别于行政许可。通过登记,可以防止非法设计、非法制造、非法安装的特种设备投入使用,并且可以建立特种设备信息库,使特种设备安全监督管理部门了解特种设备的使用环境,建立联系,掌握情况,便于履行监管职责。

特种设备进行使用登记时,使用单位要按照安全技术规范的要求向负责使用登记的特种设备安全监督管理部门提交特种设备的有关文件资料以及使用单位的管理机构和人员情况、持证作业人员情况、各项规章制度建立情况等,并填写特种使用登记表,附产品数据表。符合规定的,方可进行登记。登记后,特种设备使用单位取得特种设备使用登记证。负责使用登记的特种设备安全监督管理部门应建立数据档案,并利用信息技术建立设备数据库。

考虑到实际情况,如调试、试运行等,允许使用单位在使用前或使用后的 30 天内办理使用登记手续。

特种设备使用登记的相关资料由使用单位提供,因办理过程中的一些差错及使用单位名称、地址等信息的变化,会造成特种设备使用登记证、特种设备使用登记表与实际情况不一致的现象,因此在年度检查时,应核对特种设备使用登记证、特种设备使用登记表与实际情况是否一致,确保使用登记的信息准确无误。

对超过设计使用年限(设计文件中未规定设计使用年限,但是使用超过 20 年的压力容器视为达到设计使用年限)的固定式压力容器还应检查其是否办理使用登记证书变更,是否经使用单位主要技术负责人书面批准。

4. 压力容器日常维护保养、运行和定期安全检查记录

(1)检查项目 压力容器日常维护保养记录、运行记录、定期安全检查记录是否符合要求。

(2)检查要求 压力容器日常维护保养记录、运行记录、定期安全检查记录等应采用制式表格,填写完整、正确、无漏项,检查人员及审核人员签字齐全。

（3）检查内容

1）压力容器日常维护保养记录。

2）压力容器运行记录。

3）定期安全检查记录。

（4）检查记录 逐项检查，填写缺项情况和不一致情况。对照管理制度检查三种记录是否齐全完整，检查内容是否与压力容器一致，检查时间间隔是否与管理制度要求一致，记录人、审核人签字是否齐全，是否针对记录中的安全隐患及时采取闭环管理予以消除。

（5）结果判定 有一项不符合或不一致，该项目检查结论为"不符合要求"。

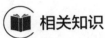 **相关知识**

特种设备日常使用过程中的记录对于特种设备的安全运行非常重要，通过正常使用和异常状态的记录对比，可以及时发现压力容器的异常，采取适当措施修正设备运行偏差，使压力容器的运行回到正常状态，也可为压力容器的故障和事故分析提供充分的证据和资料。同时，由于内在原因和外界的因素，特种设备在使用过程中会出现各种各样的问题，需要经常维护保养，才能保持正常的运行状况。定期做好检查工作，可使一些问题得到及时发现、及时处理，保证设备的安全运行。

做好维护保养和定期自行检查工作，是使用单位的一项义务，也是延长设备使用寿命的一项重要手段。使用单位应当根据设备具体情况，按照安全技术规范、出厂技术资料和文件中的安装使用维护保养说明的规定和要求，制定具体的维护保养、定期检查制度，明确维护保养、定期检查的计划、项目和内容，并制定相关的记录表格。

维护保养和检查情况应当做好记录。在维护保养和自行检查中，发现的异常情况也必须做好记录。记录是开展了相关工作的证据，是重要的追溯资料，也是相关单位履行义务的凭证。安全技术规范对做好记录工作有明确要求。

自行检查记录包括使用单位进行的日常检查和定期巡回检查记录，反映了设备在当时的安全运行状况，发现问题后的处理情况等。

设备日常运行状况记录包括特种设备在运行过程中的运行参数，如压力容器的运行压力、温度等记录。有的设备已经利用自动仪表进行自动记录，有的还必须由人工进行观察并记录这些运行参数，以便及时掌握其运行情况，保持正常运行。

日常维护保养记录包括特种设备在运行过程中进行的定期和不定期的维护保养记录。

　　为防止年度检查人员在进行年度检查时对压力容器日常维护保养、运行和定期安全检查中走过场，在本书推荐的年度检查记录示例（见附件 E）中，将此项检查细化为压力容器日常维护保养记录、压力容器运行记录和压力容器定期安全检查记录 3 项，要求逐项检查这 3 项记录是否认真填写，填写内容是否正确等。

　　本书附录 C 给出了压力容器使用单位"压力容器日常维护保养记录""压力容器运行记录""压力容器定期安全检查记录"样表，可供使用单位参考。

5. 压力容器年度检查和定期检验报告

　　（1）检查项目　压力容器年度检查、定期检验报告是否齐全，检查定期检验报告中所提出的问题是否得到解决。

　　（2）检查要求　年度检查记录和报告、定期检验报告齐全完整，记录无缺项，签字齐全，报告中记录的安全隐患和存在问题已全部消除。

　　（3）检查内容

　　1）年度检查：由使用单位自行完成或委托有相应资质的检验机构完成。由使用单位自行完成时，要检查其以往年度检查记录及年度检查报告存档是否完整；委托检验机构进行年度检查时，需检查年度检查报告存档的完整性和齐全性。

　　2）上年度的年度检查报告中提出的问题是否已经完全整改到位。

　　3）定期检验报告：各检验周期内定期检验报告（由相应特种设备检验机构出具）齐全完整，压力容器是否在检验有效期内，报告中提出的问题是否已经完全整改到位。

　　（4）检查记录　逐项检查，填写缺项情况和不符合情况，如年度检查记录项目是否符合要求，年度检查报告中提出的安全隐患是否已完全消除，定期检验报告中提出的问题是否已完全整改，检查人、审核人签字是否齐全。

　　（5）结果判定　有一项不符合或不一致，该项目检查结论为"不符合要求"。

📖 **相关知识**

　　特种设备定期检验是特种设备安全监督管理的一项重要制度，也是确保特种设备安全使用的必要手段。通过定期检验及时发现特种设备的缺陷和存在的问题，有针对性地采取相应措施，消除事故隐患，使特种设备在具备规定安全性能的状态下和规定的周期内运行，将发生事故的概率控制在最小范围内。使用单位应当根据特种设备安全技术规范的要求、设备的使用状况，制定定期检验计划，落实定期检验工作，并主动向相关检验机构申请定期检验。

　　为了保证定期检验质量，根据设备的特点，结合发生缺陷、事故的原因分析，特种设备监督管理部门制定了定期检验及相关安全技术规范。

《固定式压力容器安全技术监察规程》对压力容器定期检验做出了规定，包括检验程序、检验项目、检验方法、缺陷的处理、检验周期等，检验机构及检验人员、使用单位都必须严格执行，并且对特种设备定期检验结论的真实性、准确性、有效性负责。

为了确保特种设备的安全运行，规定未经定期检验或者检验不合格的特种设备不得继续使用，强化了特种设备使用单位的责任，促使定期检验工作顺利开展。

特种设备使用单位在检验合格有效期届满前1个月向特种设备检验机构提出定期检验要求，保证定期检验工作能够在有效期届满前完成。

特种设备检验机构接到使用单位的申请后，应当及时制定定期检验计划和方案，实施定期检验工作。检验工作结束后，检验机构应当在规定的时间内出具检验报告，交付使用单位，使其了解压力容器的安全状况，有针对性采取相应措施，并存入技术档案。

6. 安全附件及仪表记录

（1）检查项目 安全附件及仪表校验（检定）、修理和更换记录是否齐全真实。

（2）检查要求 使用单位应对压力容器安全附件及仪表定期进行校验（检定）、修理和更换，并对相关情况进行详细记录。

（3）检查内容 是否填写"安全附件及仪表校验（检定）、修理和更换记录"，抽查1~2个安全阀或仪表的状况是否与记录一致。

（4）检查记录 记录"安全附件及仪表校验（检定）、修理和更换记录"的检查情况和安全附件及仪表的抽查情况。

（5）结果判定 未记录或"安全附件及仪表校验（检定）、修理和更换记录"与实际情况不一致时，该项目检查结论为"不符合要求"。

📖 相关知识

安全附件是指锅炉、压力容器、压力管道等承压类设备上用于控制温度、压力、容量、液位等技术参数的测量、控制仪表或装置，通常指安全阀、爆破片、液（水）位计、温度计等及其数据采集处理装置。压力容器的安全附件，包括直接连接在压力容器上的安全阀、压力表、爆破片装置、紧急切断装置、安全联锁装置、液位计、测温仪表等。

特种设备的安全附件、安全保护装置有不同的功能和作用，有的在特种设备一旦出现异常情况时能够起到自我保护的作用，如压力容器上的安全阀、爆破片等；有的是观察特种设备是否正常使用的"眼睛"，如温度计、液位计等。如果安全附件、保护装置失灵，特种设备在出现异常现象时将得不到自我保护。据统计分析，因安全附件、安全保护装置失灵等原因引起的事故占事故总数的比例较大，因此对在用特种设备的安全附件、安全保护装置进行定期校验、检修，对压力表和温度计等安全仪表等进行定期检定/校准是十分重要和必要的。定期校验是指定期对安全附件和安全保护装置的性能、精度是否符合有关安全技术规范及相应标准要求，能否安全使用的一种检查、检定；检修是指对安全附件和安全保护装置的检验检测和修理。

压力容器安全附件和仪表的维护与保养规定如下。

1）安全阀：按照操作规程，每天或几天检查安全阀是否有泄漏、起跳，排放管是否有异常，是否堵塞，是否按规定排污。

2）压力表：必须按规定安装表弯和表阀。如果设备安装在室外，还要经常检查表弯内的液体是否冻结，表阀是否锈蚀，表盘玻璃是否污损，铅封是否完好等，以防压力表失灵。

3）爆破片：定期检查是否泄漏，爆破膜安装方向是否正确，是否在有效期内，是否按规定时间定期更换。

4）紧急切断装置：按照操作规程，定期进行达到紧急切断装置的设定参数的操作，以检验紧急切断装置的可靠性。

5）安全联锁装置：按照操作规程，定期进行安全联锁装置的检验，检查安全联锁装置是否可靠。

6）液位计：按照操作规程，定期进行液位计放空操作。

7）测温仪表：发现异常应立即检测、校验或更换。

本书附录 C 中给出了压力容器使用单位"安全附件及仪表校验、修理和更换记录"样表。

7. 压力容器专项应急预案和演练记录

（1）检查项目　是否有压力容器专项应急预案和演练记录。

（2）检查要求　使用单位应编制压力容器专项应急预案，应按预案要求定期组织应急演练。

（3）检查内容

1）压力容器专项应急预案：是否编制有压力容器专项应急预案（注意不是安全/消防应急预案），是否与使用单位压力容器的特性一致，是否已经正式发布实施，是否有完善的审批手续。

2）演练记录：是否记录演练内容、参加人员、演练总结、演练频次，是否有演练见证性资料（照片、视频等）。

（4）检查记录　逐项检查，记录缺项情况，预案和演练记录、演练频次等是否符合《特种设备应急救援管理制度》。

（5）结果判定　有一项缺项或不符合，未制定专项应急预案或未按专项应急预案内容进行有针对性的演练、缺少演练记录或演练记录内容、演练频次不满足要求等，该项目检查结论为"不符合要求"。

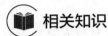 **相关知识**

压力容器是具有潜在危险性的特种设备，出现故障或突发意外时，若处置不当，很容易造成人员伤亡或者财产损失。因此制定压力容器专项应急预案，规定压力容器出现故障、突发安全事件或发生事故时的应对、救援、报告和调查处理程序，是压力容器安全工作的重要内容之一。

专项应急预案是指为应对某类具有重大影响的突发事件而制定的应急预案。专项应急预案是针对具体的事故类别、危险源和应急保障而制定的计划或方案，是综合应急预案的组成部分，应按照综合应急预案的程序和要求组织制定，并作为综合应急预案的附件。专项应急预案应制定明确的救援程序和具体的应急救援措施。

应急处置是指在突发事件、事故发生时采取的紧急应对措施或行动。应急处置包括针对已经存在的事故危险或者次生事故的可能，为阻止事故的发生和发展，或者避免、减轻事故可能造成的危害，而采取的防御、控制措施，以及事故发生后采取的救援行动。

应急演练是指在事先虚拟的事件（事故）条件下，应急指挥体系中各个组成部门、单位或群体的人员根据编制的应急预案，执行实际突发事件发生时各自职责和任务的排练活动，是一种模拟突发事件发生的应对演习。

定期开展应急演练具有非常重要的意义。

1）可以提高应对突发事件风险意识。通过模拟真实事件及应急处置过程能给参与者留下更加深刻的印象，从直观上、感性上真正认识突发事件，提高对突发事件风险源的警惕性，能促使参与者在没有发生突发事件时，增强应急意识，主动学习应急知识，掌握应急和处置技能，提高自救、互救能力，保障其生命财产安全。

2）检验应急预案效果的可操作性，通过应急演练，可以发现应急预案中存在的问题，在突发事件发生前暴露预案的缺点，验证预案在应对可能出现的各种意外情况方面所具备的适应性，找出预案需要进一步完善和修正的地方；可以检验预案的可行性以及应急反应的准备情况，验证应急预案的整体或关键性局部是否可以有效地付诸实施；可以检验工作机制是否完善，应急反应和应急救援能力是否提高，各部门之间的协调配合是否一致等。

3）增强突发事件应急反应能力。应急演练是检验、提高和评价应急能力的一个重要措施，通过亲身体验应急演练，可以提高各级领导者应对突发事件的分析研判、决策指挥和组织协调能力；可以帮助应急管理人员和各类救援人员熟悉突发事件情景、提高应急熟练程度和实战技能，改善各应急组织机构、人员之间的交流沟通、协调合作；可以让相关人员学会在突发事件中保持良好的心理状态，减少恐惧感，配合政府和部门共同应对突发事件。

本书附录 D 中给出了压力容器使用单位"固定式压力容器专项应急预案"示例，附录 C 中给出了"压力容器专项应急预案演练记录"表格，供相关人员参考使用。

8. 压力容器事故和故障情况

（1）检查项目　是否对压力容器事故、故障情况进行了记录。

（2）检查要求　对压力容器事故和故障情况进行的记录是使用单位建立的《特种设备事故报告和处理制度》的要求和实施的见证性资料之一，要求固定式压力容器在运行过程中发生的故障或事故情况应有记录，记录内容应符合要求等。

（3）检查内容

1）是否填写"压力容器事故、故障情况记录"表格。

2）"压力容器事故、故障情况记录"填写内容是否符合要求，记录是否完整。

（4）检查记录　逐项检查，记录缺项和不符合情况。

（5）结果判定　有一项缺项或不符合，该项目检查结论为"不符合要求"。

📖 **相关知识**

压力容器事故：由于压力容器失效而造成严重后果的事件称为压力容器事故。事故的后果包括人员伤亡，设备、厂房破坏，是直接经济损失。停产而造成的损失一般称为间接经济损失。

压力容器故障：未产生严重后果的压力容器失效事件一般称为压力容器故障。

本书附录 C 中给出了"压力容器事故、故障情况记录"样表，供相关人员参考使用。

2.2.2　压力容器本体及其运行状况检查

1. 压力容器产品铭牌及标志

（1）检查项目　压力容器的产品铭牌及其有关标志是否符合有关规定。

（2）检查要求　压力容器本体上的产品铭牌和安全警示标志、特种设备使用标志等有关标志应符合《中华人民共和国特种设备安全法》《特种设备使用管理规则》（TSG 08）和《固定式压力容器安全技术监察规程》等法律法规和安全技术规范的规定。

（3）检查内容

1）产品铭牌：检查压力容器的产品铭牌（图 2-1）是否与压力容器一致，是否与产品资料中的铭牌拓印件一致，产品铭牌的格式及内容是否与《固定式压力容器安全技术监察规程》的规定一致。

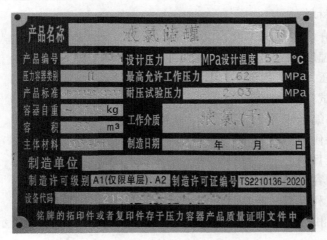

图 2-1 固定式压力容器产品铭牌

2）安全警示标志：检查压力容器是否设置安全使用说明、安全注意事项和安全警示标志，是否与该台压力容器的设备特点、使用环境和场所相一致。

3）特种设备使用标志：检查该台压力容器的特种设备使用标志是否置于或附着于压力容器的显著位置，特种设备使用标志的格式和内容是否符合规定。

（4）检查记录 逐条检查，记录检查情况，记录不符合或缺失情况。

（5）结果判定 有一项不符合，该项目检查结论为"不符合要求"。

📖 相关知识

为了证明并且明示特种设备的某些特性、要求，制造单位应当在特种设备的显著位置设置产品铭牌、安全警示标志及其说明。其显著位置是指作业人员在运行操作时在视野范围内观看到的位置，如设备的操作台等。

产品铭牌是指固定在特种设备上显著位置的标示牌，用来标示设备的基本信息，如产品名称、型号、规格、设备代码、工作参数、制造日期、制造单位及特种设备安全技术规范规定的有关内容。产品铭牌应当牢固、不易损坏，其实物的拓印件或者照片、扫描件应放入产品质量证明文件中。制作铭牌的材料有金属和非金属，一般用铭牌架安装在压力容器本体或支座上。

产品铭牌上的项目至少包括以下内容：

1）产品名称。

2）制造单位名称。

3）制造单位许可证编号和许可级别。

4）产品标准。

5）主体材料。

6）工作介质名称。

7）设计温度。

8）设计压力、最高允许工作压力（必要时）。

9）耐压试验压力。

10）产品编号或者产品批号。

11）设备代码。

12）制造日期。

13）压力容器类别。

14）自重和容积（换热面积）。

压力容器和换热容器的产品铭牌样式分别如图 2-2 和图 2-3 所示。

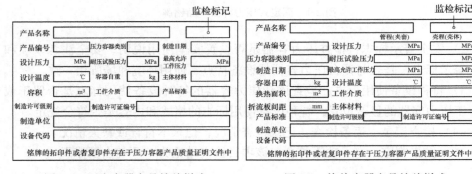

图 2-2　压力容器产品铭牌样式　　图 2-3　换热容器产品铭牌样式

　　在用压力容器经常因出现铭牌丢失、脱落、腐蚀、磨损等问题而造成压力容器的设备参数及相关信息不详。在年度检查时，通过认真检查发现问题，可以及时采取措施。对于铭牌的防腐蚀的措施，常见的是在铭牌表面涂敷清漆或黄油，可以很好地提高耐蚀性；对于铭牌丢失或模糊不清的情况，可在压力容器出厂资料里找到铭牌拓印件，通过原制造单位制作一个复制品。

　　固定式压力容器有关标志包括安全警示标志及其说明、特种设备使用标志（图 2-4）。根据《中华人民共和国特种设备安全法》，使用中的特种设备，其使用登记标志、定期检验标志（根据 TSG 08—2017《特种设备使用管理规则》将使用登记标志、定期检验标志合并为"特种设备使用标志"）应设置在作业人员视野范围内的压力容器的显著位置。

特种设备使用登记后，特种设备安全监督管理部门应当出具特种设备使用登记证明文件。使用标志包括使用登记证明文件或者使用登记证明文件中的使用登记编号。同时，压力容器定期检验情况也是设备操作人员关注和特种设备安全监管人员监督检查的主要内容。特种设备使用标志由办理使用登记管理部门（新投入使用的特种设备）或检验机构（定期检验合格后）发放。特种设备使用单位应当将证明该压力容器合法使用的特种设备使用标志置于设备的显著位置，如可以置于压力容器本体铭牌附近，提示使用者在有效期内可以安全使用，同时告知安全监督管理部门该设备使用是否合法。

如果特种设备使用标志丢失或损毁，应及时联系原发放机构补办。

特种设备应当根据设备特点和使用环境、场所，设置安全使用说明、安全注意事项、安全警示标志（图2-5）和安全风险点告知牌（图2-6）。安全警示标志及其说明是一种按照安全技术规范及其相应标准或者社会公认的图案、标志组成的统一标识，具有特定的含义，以告诫、提示人们对某些不安全因素高度注意和警惕，如泄漏、压力等图形，并且附上一定的文字说明，或者直接使用警示语。对于操作过程中的安全警示也可以单独用文字表述。

图2-4 固定式压力容器特种设备使用标志　　　　图2-5 压力容器安全警示标志

2. 压力容器本体、接口部位、焊接接头

（1）检查项目　压力容器的本体、接口（阀门、管路）部位、焊接（粘接）接头等有无裂纹、过热、变形、泄漏、机械接触损伤等。

（2）检查方法　目视外观检查。

（3）检查要求　压力容器的本体外表面、接口（阀门、管路）部位、焊接（粘接）接头等处应无裂纹、过热、变形、泄漏、机械接触损伤等现象。

（4）检查内容

风险点名称：压力容器	危险因素	事故诱因
风险等级：1级□ 2级□ 3级□ 4级□	1.火灾 2.容器爆炸 3.低温冻伤 4.窒息	(1) 卸液前未进行安全确认和检查 (2) 未将静电接地报警仪连接到槽车有效接触点或连接不可靠 (3) 卸液槽车到指定区域后超速行驶，无引导员引导
管理责任人：		安全隐患措施、要求
		(1) 作业前未进行安全确认和检查 (2) 管道、法兰或阀门发生泄漏 (3) 加气员未按规定佩戴劳动防护用品 (4) 压力容器及附带的安全阀、压力表未定期检验 (5) 登高梯台设置不符合标准要求 (6) 电气设施未进行可靠接地
重要提示	非本设备操作人员禁止操作 必须进行定期检验、日常检查	
公司应急电话：123456 火警电话：119 急救电话：120		

图 2-6 固定式压力容器安全风险点告知牌

1) 压力容器本体表面有无裂纹、过热、变形、泄漏、机械接触损伤等。

2) 压力容器接口（阀门、管路）部位有无裂纹、过热、变形、泄漏、机械接触损伤等。

3) 压力容器焊接（粘接）接头等有无裂纹、过热、变形、泄漏、机械接触损伤等。

（5）检查记录 逐项检查，记录检查情况，描述要与压力容器实际情况一致。

（6）结果判定 有一项不符合，该项目检查结论为"不符合要求"。

📖 相关知识

裂纹、过热、变形、泄漏、机械接触损伤是压力容器可能发生事故的早期表象，通过检查及时发现这些现象，可以及时采取应对措施，以防止事故的发生或减小事故的影响程度。

固定式压力容器的失效模式主要有断裂、变形、表面缺陷和损伤、材料性能退化、泄漏和爆炸等。常见的表面缺陷有裂纹、腐蚀和焊缝咬边等，这些缺陷有的是在使用中产生的，有的是在制造时遗留下来的，处理的重点应是使用中产生的缺陷。

表面裂纹危害性极大，且压力容器外表面裂纹与大气接触，因此易促使裂纹扩展，一旦发现应认真分析其产生原因，采取适当的措施（如打磨和挖补等）予以彻底消除。裂纹是在用压力容器年度检查的重点检验项目，应对压力容器表面形状突变部位、对接焊缝两侧热影响区部位、接管角焊缝等部位（图2-7）重点检查。现场检查时首先进行目视检查（可通过压力容器外表面油漆层的异常开裂、脱落、鼓起等现象综合判断），必要时可借助10倍放大镜辅助检查。

a) 接管角焊缝处裂缝   b) 对接环焊缝处裂纹

图2-7 压力容器上的焊缝裂纹

断裂包括脆性断裂（主要有应力腐蚀开裂、氢致开裂、蠕变断裂和低温脆性断裂等形式）、韧性断裂和疲劳断裂（主要有应力疲劳、应变疲劳、高温疲劳、热疲劳、腐蚀疲劳、蠕变疲劳），其中韧性断裂和疲劳断裂在断裂前都会出现宏观特征——裂纹、变形。因此在年度检查时，要根据压力容器的设计制造、结构特点、工作介质特性、运行时间、运行操作、检测维修和外来损伤等在压力容器的本体、接口部位和焊接接头等处检查是否有裂纹和变形出现。

石油化工火灾爆炸、人员中毒事故很多是由于物料的泄漏引起的。其原因可能是腐蚀、设计缺陷、材质选择不当、机械穿孔、密封不良以及人为操作失误等。因泄漏而导致事故的危害性很大程度上取决于有毒有害、易燃易爆物料的泄漏速度和泄漏量等。

泄漏主要有密封失效泄漏和腐蚀穿孔、穿透的裂纹或冶金、焊接缺陷等原因引起的泄漏。压力容器常见的泄漏有法兰连接处的泄漏，包括界面性泄漏（因密封垫片压紧力不足或垫片老化、龟裂、失去回弹力等使密封介质通过垫片与两法兰之间的间隙产生的泄漏）、渗透性泄漏（密封介质通过垫片内部微小的间隙从内部高压侧渗漏到外部低压侧的现象）和人为性泄漏（垫片与法兰不同心、螺栓预紧力过小或过大或不一致等由安装质量造成的)。

因焊接缺陷引起的泄漏也是常见的泄漏之一。在焊接过程中不可避免地会留下夹渣、气孔、裂纹、未焊透和咬边等各种焊接缺陷,这些缺陷会造成焊缝处局部强度不足、应力集中,从而产生裂纹扩展,使压力容器在焊缝处泄漏。

压力容器在运行中应及时或定期清理压力容器内的结垢、积炭、结疤等,防止过热变形或发生事故。在操作压力容器时,应做到平稳操作,严禁超温超压运行。压力容器超温超压运行等会造成压力容器本体鼓胀和鼓包(包括凹陷),还有金属局部过热、局部腐蚀、局部磨损、局部冲刷等也会造成压力容器本体及受压元件变形,威胁压力容器的使用安全。及早发现变形,分析变形原因,判断变形类型,有助于判定压力容器是否可继续使用,及早采取控制措施,防止变形进一步扩大而发生事故。

焊缝咬边是在用压力容器另一种常见的表面缺陷,是指在焊接时沿着焊趾,在母材部位形成的凹陷或沟槽。焊缝咬边会减小母材接头的工作面,在咬边处造成应力集中,导致压力容器发生事故。如果在压力容器几何不连续与应力集中部位存在焊缝咬边,容易诱发裂纹。对于低温容器、交变载荷或频率间歇操作容器的焊缝咬边,都应打磨消除或打磨后补焊;对于其他容器,当其表面焊缝咬边深度≤0.5mm,连续长度≤100mm,且焊缝两侧咬边总长不超过该焊缝长度的10%时,可不做处理。如果超过上述范围,则应打磨消除或打磨后补焊。

变形是指容器在使用以后整体或局部发生几何形状的改变,一般可以表现为局部凹陷、鼓包、扁塌(失稳)、整体膨胀等形式。局部凹陷是容器壳体或封头的局部区域受到外力的撞击或挤压因而发生的表面凹洼,这种变形一般只能在壳壁较薄的小容器上产生,它并不引起容器壁厚的改变,而只是使某一局部表面失去了原有的几何形状。鼓包是容器的某一部分承压面因严重的腐蚀使壁厚显著减薄,而在内压作用下发生的向外凸起变形,或因容器的局部温度过高,致使材料的力学性能降低而产生鼓包,这种变形将使容器这一区域的壁厚进一步减薄。扁塌是因为受外压作用的壳体壁太薄,以致在压力作用下失去稳定性,丧失原有的壳体形状,这种变形只发生在容器受外压的部件上,如夹套容器的内筒。整体膨胀是因为容器壁太薄或超压使用,致使整个容器或某些截面产生屈服变形而造成的。

变形一般进行目视检查,必要时可通过量具检查来发现,如测量容器不同部位的圆度、周长等。因经过塑性变形的容器,壁厚总有不同程度的减薄,而且变形材料也会因应变硬化而降低韧性,耐蚀性也较差,发现产生变形缺陷的压力容器,应停止使用,做进一步检查或交特种设备检验检测机构提前进行定期检验处理。

3. 外表面状况

（1）检查项目 外表面有无腐蚀，有无异常结霜、结露等。

（2）检查方法 目视外观检查。

（3）检查要求 对压力容器，检查外表面应无腐蚀；对低温压力容器，检查应无异常结霜、结露等现象。

（4）检查内容

1）外表面有无腐蚀。

2）外表面有无异常结霜、结露。

（5）检查记录 逐项检查，记录检查情况，描述应与压力容器实际情况一致。

（6）结果判定 有一项不符合，该项目检查结论为"不符合要求"。

📖 相关知识

压力容器大多是由金属材料制成的，压力容器与环境或介质产生反应而引起的金属器壁材料的破坏或变质，称为压力容器的腐蚀。压力容器常见的腐蚀形态如图2-8所示。年度检查时，主要检查压力容器外表面与环境是否产生反应，以判断压力容器能否继续安全使用。

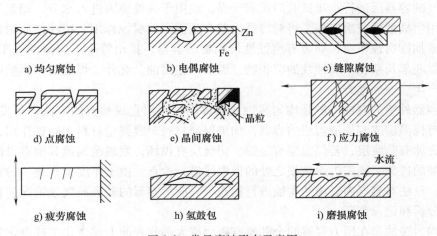

图2-8 常见腐蚀形态示意图

在金属表面与环境介质间发生化学作用而产生的化学腐蚀和金属与电解质溶液间发生电化学作用形成的电化学腐蚀可能引起泄漏。

金属制压力容器表面一般采用涂漆等方法形成防腐层，用来防止环境气氛对外表面的腐蚀。但由于安装和使用过程中容器与其他设备和装置的碰撞、摩擦等原因，会使容器外表面的涂漆层受到局部破坏；因为涂漆时未按要求对容器金属表面进行人工或机械打磨处理，或者打磨处理不彻底等原因引起的腐蚀也会在压力容器使用过程中显现出来。因此要经常检查防腐层的完整性，以及时对腐蚀部位分析判断，采取有效措施防止腐蚀进一步发生。年度检查时，必须对有没有腐蚀、腐蚀的程度等进行检查和记录。

腐蚀是压力容器在使用过程中最容易产生的一种缺陷，特别是在化工容器中。它是由于金属与所接触的介质产生化学或电化学作用而引起的。压力容器的内外表面都可能产生腐蚀。压力容器的腐蚀可以是均匀腐蚀、点腐蚀、晶间腐蚀、应力腐蚀和疲劳腐蚀。不管是哪一种腐蚀，严重时都会导致容器的失效或破坏。容器的外壁一般会受到大气的腐蚀，大气的腐蚀作用与地区、季节等有密切的关系，在干燥的地区或季节，大气的腐蚀比潮湿地区或多雨季节轻微得多。压力容器外壁的腐蚀多产生于经常处于潮湿状态和易于积存水分或湿气的部位。在容器与支架的接触面、容器与地面接触的部分容易产生腐蚀。容器内壁的腐蚀主要是由于工作介质或它所含有的杂质作用而产生的。一般来说，工作介质具有明显腐蚀作用的容器，设计时都会采取防腐蚀措施，如选用耐蚀材料、进行表面处理或表面涂层、在内壁加衬里等，因此这些容器内壁的腐蚀常常是因为防腐蚀措施遭到破坏而引起的。容器内壁的腐蚀也可能是由于正常的工艺条件被破坏而引起的，例如干燥的氯气对钢制容器不产生腐蚀作用，而如果氯气中含有水分或充装氯气的容器因进行水压试验后没有干燥，或由于其他原因进入水分，则氯气与水作用生成盐酸或次氯酸，将对容器内壁产生强烈的腐蚀作用。结构的原因也可引起或加剧腐蚀作用，如带有腐蚀性沉积物的容器，排出管高于容器的底平面，使容器底部长期积聚腐蚀性的沉积物，因而产生腐蚀。此外，焊缝及热影响区也是易产生腐蚀的地方。

容器外壁的腐蚀一般是均匀腐蚀或局部腐蚀，用直观检查的方法即可发现。外面有保温层或其他覆盖层的容器，如果保温材料对容器壁材料无腐蚀作用，或容器壳体有防腐层，若保温层有破损、防腐层有损坏，发现泄漏或其他有可能引起腐蚀的迹象，则需拆除破损之处的保温层进行检查。由于年度检查是一种在线检查，没法对容器内表面的腐蚀进行检查，只能对容器的外表面腐蚀情况进行检查、分析和记录判断。

均匀腐蚀是在压力容器的全部暴露表面或大部分表面上发生化学或电化学反应而均匀进行的腐蚀，会导致压力容器壳壁和封头变薄，最后因强度不足而报废，是腐蚀中最安全的一种腐蚀形态。腐蚀速率可以通过测量剩余壁厚测出，因而在设计时可以考虑腐蚀裕度，从而保证不会在有效设计周期内因整体壁厚不足而引起失效。

点腐蚀又称为小孔腐蚀或孔蚀，常发生在易钝化金属或合金中，同时往往发生在有侵蚀性阴离子（Cl^-）与氧化剂共存的条件下。点腐蚀是小阳极大阴极腐蚀电池引起的阳极区高度集中的局部腐蚀形式。当压力容器受到应力作用时，腐蚀点孔往往还易成为应力腐蚀破裂或腐蚀疲劳的裂纹源。点腐蚀孔很小，又常常被腐蚀产物覆盖而难以发现，所以成为隐患和破坏性最大的腐蚀形态之一。

停止运行或临时停用的压力容器，必须按规定加强维护保养。停止运行的容器必须排净内部介质，对于腐蚀性介质，应经常进行排放、置换、清洗、干燥以及采用惰性气体保护等技术处理。应注意清除容器"死角"内可能积存的腐蚀介质。保持容器的干燥、洁净，防止大气腐蚀。干燥的空气对碳素钢等材料一般不会产生腐蚀，因此必须保持容器表面清洁，经常清除容器上的灰尘、灰渣及污垢，保持容器周围环境的干燥等。

经直观检查发现容器外壁有均匀腐蚀或局部腐蚀时，应测量被腐蚀处的剩余厚度，从而确定器壁的腐蚀厚度和腐蚀速率。

对腐蚀缺陷的处理要根据容器的具体使用情况而定，一般原则如下。

1）内壁发现晶间腐蚀、断裂腐蚀等缺陷时，不宜继续使用。如果腐蚀是轻微的，允许根据具体情况，在改变原有工作条件下使用。

2）当发现分散点腐蚀，但不妨碍工艺操作时（不存在裂纹、腐蚀深度小于计算壁厚的一半），可不对缺陷做处理继续使用。

3）对于均匀腐蚀和局部腐蚀，按剩余厚度不小于计算厚度的原则，确定其继续使用、缩小检验间隔期限、降压使用或判废。

结露和结霜是正在运行的压力容器出现问题的表征。结露是因为压力容器温度低于空气的露点而引起的。结霜的设备本身如果正常工作温度不是太低，那么结霜有可能是泄漏的液化气汽化产生的低温造成的。

4. 隔热层检查

（1）检查项目　隔热层有无破损、脱落、潮湿、跑冷。

（2）检查方法　目视外观检查。

（3）检查要求　隔热层应完好无损。保温层外防护壳无变形、腐蚀和破损，接缝严密；保冷层无跑冷、结霜或结露现象。

（4）检查内容　隔热层（保温层、保冷层）是否完好，有无破损、脱落、潮湿、跑冷。

（5）检查记录　逐项检查，真实记录隔热层状况。对于无隔热层的压力容器，此项为不适用，在记录栏中打"/"。

（6）结果判定　有一项不符合，该项目检查结论为"不符合要求"。

📖 **相关知识**

压力容器的隔热层是指为防止和阻断热量传递而设置在压力容器外表面的保护物质，主要有保温层和保冷层。其中保温层是防止压力容器介质热量散失的，保冷层是防止压力容器内介质吸收（获得）热量的。

为减少设备、管道及其附件周围环境散热，在其外表面采取的包覆措施称为保温。为减少周围环境中的热量传入低温设备和管道内部，防止低温设备和管道外壁表面结露，在其外表面采取的包覆措施称为保冷。保温和保冷统称为隔热。保温和保冷的热流传递方向不同。

隔热层可以减少压力容器在工作中的热量和冷量损失，以满足工艺生产要求，避免、限制或延迟容器内介质的凝固、冻结，以维持正常生产；减少生产过程中介质的"温升"或"温降"，以提高设备的生产能力；防止设备和管道表面结露；降低和维持工作环境温度，改善劳动条件，防止因热表面导致火灾和防止操作人员烫伤。

隔热层破损（图 2-9）会造成潮气或冷凝水进入隔热层与压力容器外壁之间的缝隙，引起容器外表面氧腐蚀，使容器壁厚迅速减薄失效。

图 2-9　分气缸隔热层破损

因此在年度检查时，对有隔热层的压力容器，应重点检查容器隔热层、外壳有无机械损伤、结霜或"冒汗"，真空度有无下降，真空规管与抽真空阀在正常工作状态下是否有有效保护。

对隔热层有破损的压力容器，应先拆除隔热层进行检查，确认有腐蚀减薄现象时应及时修补，使隔热层与容器外壁紧密粘合，防止水和潮气进入。

5. 检漏孔和信号孔

（1）检查项目　检漏孔、信号孔有无漏液、漏气，检漏孔是否通畅。

（2）检查要求　检漏孔、信号孔应设置合理，位置正确，无漏液、漏气现象或痕迹，检漏孔应通畅无堵塞。

（3）检查内容　检漏孔有无漏液、漏气；信号孔有无漏液、漏气；检漏孔是否通畅。

（4）检查记录　逐项检查，记录检查情况。对于无检漏孔和信号孔的压力容器，此项为不适用，在记录栏中打"/"。

（5）结果判定　有一项不符合，该项目检查结论为"不符合要求"。

 相关知识

信号孔：为测知容器的壁厚是否已被腐蚀而减薄到危险程度，在器壁受腐蚀一侧所钻的小孔，直径一般为 1.6~5mm，深度为该壳体按无缝计算所需厚度的 80%。

检漏孔：设置在压力容器补强圈、垫板等上面的一个 M10-7H 的螺孔（图 2-10），主要用于在制造完毕后进行水压试验或气密性试验和检查使用中的压力容器被补强圈、垫板等覆盖的对接焊缝、接管角焊缝是否有泄漏，以便对泄漏及早做出处理。图 2-11 所示为立式固定式压力容器检漏孔。

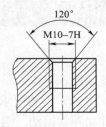

图 2-10　压力容器
检漏孔

补强圈在压力容器中主要是起开孔补强作用，是属于压力容器壳体厚度的一部分，起加强作用的支座垫板也对壳体起加强作用，因此补强圈或加强垫板与压力容器壳体之间的焊缝必须焊好。设置在压力容器补强圈或加强垫板上的信号孔主要有两个作用：一是补强圈在满焊的情况下作为排气使用（补强圈与壳体以及接管之间的角焊缝需要满焊，所以补强圈与壳体之间的空气需要从此孔放出）；二是在压力容器制造完毕后可以通过水压试验或气密性试验，一旦在制造中产生穿透性焊接缺陷（如贯通气孔、裂纹、漏焊、电流过大烧穿管壁等）和在使用中由腐蚀延迟裂纹等原因产生泄漏，可及早发现从而排除隐患。从这个孔检查接管角焊缝是否泄漏（在设备整体完工后水压试验前由 M10 螺孔通入 0.4~0.5MPa 的压缩空气，检查补强圈连接焊缝的质量，角焊缝不得有渗漏现象）；在压力容器运行时，由于腐蚀、延迟裂纹等原因可能使接管与壳体间的焊缝发生泄漏，会在泄漏信号孔中出现泄漏介质，从而预知焊缝存在泄漏情况。

固定式压力容器信号孔和检漏孔的作用还未引起使用单位的注意和重视，以致在使用中存在不少问题。更有甚者，在补强圈和垫板上未设置信号孔，或信号孔未设置在补强圈和垫板最低处，有的设置了信号孔但由于不清楚其作用被用螺钉或焊缝封堵，还有被压力容器外表面的隔热层、防火层覆盖等，根本起不到泄漏信号指示的作用。

针对以上这些现象，在年度检查时，要对照压力容器竣工图样及其他设计文件，现场检查核对信号孔的设置情况，是否存在封堵、覆盖等现象，是否有泄漏等。

6. 异常振动、响声或相互摩擦

（1）检查项目　压力容器与相邻管道或者构件有无异常振动、响声或者相

图 2-11　立式固定式压力容器检漏孔

互摩擦。

（2）检查要求　压力容器垂直性（水平性）符合要求，与相邻管道或者构件无异常振动、响声或者相互摩擦。

（3）检查内容

1）压力容器与相邻管道有无异常振动、响声或者相互摩擦。

2）压力容器与相邻构件有无异常振动、响声或者相互摩擦。

（4）检查记录　逐项检查，真实记录检查情况。

（5）结果判定　有一项不符合，该项目检查结论为"不符合要求"。

📖 相关知识

压力容器安装后，由于基础的沉降、周边环境的变化等会引起压力容器的垂直度（对于水平安装的压力容器为水平度）变化，造成压力容器的倾斜、无法排污等或者引起压力容器与相邻的管道及构件接触等，产生安全隐患。

在压力容器运行时，由于各种原因引起的压力容器的振动或共振，如与压力容器相连接的泵、压缩机、分离机等，都会成为影响压力容器安全运行的振动源；压力容器内介质的流动及结构原因（如弯管、阀门和异径管较多的结构）等，也会引起压力容器的振动。振动可使压力容器法兰的连接螺栓螺母等松动，还会引起压力容器壳体及焊缝处的裂纹扩展。

同时，物体都有其自身固有的自振频率，其频率的高低取决于自身的固有特性（如长度、直径、自重及支撑情况等），如果泵、压缩机、分离机等外来振动的频率与压力容器自身固有的频率相近甚至相等时，就会发生共振。发生共振对压力容器的影响更大，破坏性更强，可以在短时间内就造成压力容器的破坏。

在压力容器年度检查时，要注意检查压力容器与相邻管道、构件间有无异常振动、响声或者相互摩擦的情况。

7. 支承（支座）、**基础和紧固件**

（1）检查项目　支承或者支座有无损坏，基础有无下沉、倾斜、开裂，紧固件是否齐全、完好。

（2）检查要求　压力容器支承或者支座完好，无缺件、变形、腐蚀等现象，卧式容器支座滑动端能正常活动；压力容器基础完整，无下沉、倾斜、开裂等现象；压力容器各法兰、基础等部位紧固件齐全、完好，无锈蚀、松动。

（3）检查内容

1）支承或者支座有无损坏、缺件、变形、腐蚀。

2）基础有无下沉、倾斜、开裂。

3）紧固件是否齐全、完好。

（4）检查记录　逐项目视检查，真实记录检查情况。

（5）结果判定　有一项不符合，该项目检查结论为"不符合要求"。

📖 **相关知识**

压力容器的支座主要分为立式容器支座、卧式容器支座与球形容器支座。立式容器支座常可分为耳式、支承式、腿式和裙式四种，卧式容器支座一般可分为鞍式、圈座式及支腿式三种，球形容器的支座有柱式、半埋式、高架式、裙式四种。

压力容器的支座（图2-12、图2-13）主要是对压力容器起支承作用的，因此必须完整、牢固、可靠。

图2-12　压力容器左侧支座　　　　　图2-13　压力容器右侧支座

在用压力容器支座常见的问题有支座未用地脚螺栓固定、基础不平整、设备倾斜、紧固件脱落、支座锈蚀、鞍座底板与基础焊死、鞍座活动端用地脚螺栓紧固、长条孔内锈蚀、堵死等。

卧式压力容器在运行时，要保证鞍座滑动端能自由滑动（图2-14），否则会造成因热胀冷缩而应力无法释放，引起压力容器变形、泄漏事故。年度检查时，要检查滑动端鞍座有无卡阻、螺栓固定、锈死、焊死等现象。

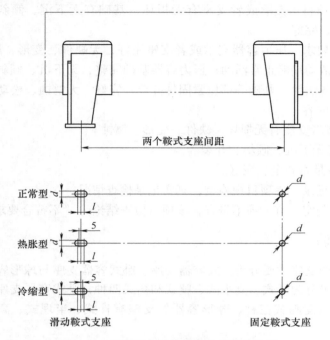

图 2-14 卧式压力容器鞍座及滑动端设置

8. 排放（疏水、排污）装置

（1）检查项目 排放（疏水、排污）装置是否完好。

（2）检查要求 压力容器的疏水、排污装置完好无损，疏水（排污）阀开关灵活，能正常开关疏水（排污），有定期疏水（排污）记录。

（3）检查内容

1）疏水装置是否完好，疏水阀开关是否灵活，疏水装置是否固定牢靠。

2）排污装置是否完好（完整、无变形、动作灵活），是否有定期排污记录，排污时间间隔是否符合压力容器操作工艺要求。

（4）检查记录 逐项目视检查，真实记录检查情况。

（5）结果判定 有一项不符合，该项目检查结论为"不符合要求"。

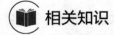相关知识

疏水装置是在压力容器运行时，自动将蒸汽系统或其他气体系统中的凝结水（液体）及其他介质等分离出来并尽快排出，具有疏水阻汽的作用。

排污装置是定期或连续将压力容器内的污物、杂质等排出压力容器的组合装

置，包含排污管和排污阀（图 2-15）。

图 2-15　压力容器排污阀

压力容器疏水和排污装置必须保持完好无损，定期进行试验以保证其功能正常。残留在压力容器内的冷凝水、污物和杂质会堆积在容器底部，对压力容器造成腐蚀，同时污物和杂质还会堵塞排污口和排污管道。年度检查时须检查压力容器疏水和排污装置（排污管和排污阀）的状况，同时检查定期排污记录。相当多的压力容器将排污管埋地安装成暗管，对这类压力容器还应检查排污口的污物流出情况。

9. 超压、超温或超量

（1）检查项目　运行期间是否有超压、超温、超量等现象。

（2）检查要求　压力容器运行期间的压力、温度和液位计等显示在正常范围，不存在超压、超温、超量等现象。对压缩气体类介质，主要检查是否存在超压运行；对液体和液化气体类介质，主要检查是否有超量现象和是否出现过超量现象，以及是否有超温现象。

（3）检查内容

1）运行期间是否有超压现象，压力测量、显示装置是否完好、正常。

2）运行期间是否有超温现象，温度测量、显示装置是否完好、正常。

3）运行期间是否有超量现象，测位装置是否完好，显示正常。

（4）检查记录　逐项目视检查并检查运行记录，如实记录检查情况。

（5）结果判定　有一项不符合，该项目检查结论为"不符合要求"。

📖 **相关知识**

压力容器的超压、超温、超量是一种非常危险的状态，如果容器超压、超温、超量（载）运行，就会造成容器的承受能力不足，可导致爆炸事故。因此压力容器的超压、超温、超量（载）情况必须记录和调查，找出根本原因，防止再次发生。

压力容器超压的主要原因如下。

1）对于压力来自外压力源的压力容器，超压一般是误操作或减压装置失灵所致。

2）对由于容器内物料的化学反应而产生压力的容器，加料过量、物料中混有杂质等使容器内反应后产生的气体密度大或反应过速而造成超压。

3）因物料受热膨胀引起超压。设备内的液体或气体介质受到外界意外的加热（如环境温度的突然变化、隔热层的意外受损、绝热层的意外失效等），其体积迅速膨胀，例如液化气体在常温下装载过量时，因温度升高液体膨胀，由于它的压缩系数很小，体积膨胀系数却较大，从而导致压力急剧上升而产生超压。

4）因作业人员操作失误或控制装置失灵导致压力容器介质出口管部位物料受阻或堵塞而引起超压。

5）因可燃气体燃爆引起超压。化工、石油等行业所处理的介质（物料）往往是易爆、易燃的气体，一旦与氧气（空气）混合后浓度达到爆炸极限时，就会被引燃而发生化学燃爆，在极短时间内（毫秒级）使设备内的压力剧增至初始压力的 8~10 倍，有的甚至可达 12 倍，导致超压。

6）因可燃粉末燃爆引起超压。具有一定分散度的固体粉末，如纤维、铝粉等，当其悬浮在压力容器介质中的浓度达到一定值时，就能被点燃形成粉尘燃爆，导致超压。

7）因化学反应失控引起超压。在放热化工生产过程中（如硝化、磷化、酯化、聚合及中和反应等），如果冷却不足，容器内就会积聚反应热，介质（物料）的温度不断升高，温度的升高又促使反应速度加快，反应热不断增加致使温度、压力急剧上升，从而使容器毁坏。

10. 接地装置

（1）检查项目　罐体有接地装置的，检查接地装置是否符合要求。

（2）检查要求　罐体有接地装置的或盛装介质为易燃易爆物质的，接地装置的位置、接地方式、接地线及接地电阻等应符合要求。

（3）检查内容

1）盛装介质为易燃易爆物质的，是否安装有静电接地装置（图 2-16）。

2）接地装置是否完好，连接是否可靠，各连接点有无可见缝隙和腐蚀，是否接触良好。

3）接地电阻≤100Ω（查阅最近一次的接地电阻测量记录，记录测量值；有怀疑时，用接地电阻测量仪实际测量，记录测量值）。

4）法兰间接触电阻≤0.03Ω（查阅最近一次的接触电阻测量记录，记录测量值）。

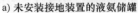

a) 未安装接地装置的液氨储罐　　　　b) 压力容器的接地

图 2-16　压力容器是否接地

（4）检查记录　逐项目视检查，必要时测量接地电阻，真实记录检查情况。对于不需要设置接地装置的压力容器，此项为不适用，在记录栏中打"/"。

（5）结果判定　有一项不符合，该项目检查结论为"不符合要求"。

 相关知识

当两个不同的物体相互接触时，其中一个物体失去一些电荷（电子转移到另一个物体）使其带正电，另一个物体得到一些电子而带负电，在两个物体分离时电荷就会积累使物体带上静电。固体、液体甚至气体都会因接触分离而带上静电。这是因为气体也是由分子、原子组成的，当空气流动时分子、原子也会发生"接触-分离"而起电。当介质在压力容器及管道内流动时，就会产生静电。

由静电引起爆炸或火灾的惨重事故屡见不鲜且触目惊心。如 1987 年 3 月 15 日凌晨 2 时 39 分，我国最大的麻纺企业——哈尔滨亚麻厂发生了由亚麻粉尘微粒导致的爆炸火灾事故，其爆炸威力相当于数吨 TNT 炸药的当量，死亡 58 人，受伤 180 多人。

静电放电通常有三种类型：电晕放电、刷形放电和火花放电。其中，火花放电通常是在一瞬间即放出全部电荷，且伴有明亮的闪光和爆裂声。在易燃易爆场所，火花放电是静电中引起爆炸和火灾的主要原因，将会对财产和生命造成巨大的损失。

接地是防止静电危害最基本的方法，要求所有金属物体均做好接地。当静电带电体触及金属物体表面放电时，静电就能够通过接地系统漏泄入地，给静电提供一个放电通道，而不至于因静电无处泄放造成危害。对于静电接地，要求其接地电阻不大于 100Ω。对于有防雷击和静电要求的场合，容器（设备）应采取静电接地措施。为了达到防静电的目的，应设置静电接地板结构，接地板用不锈钢制成，并设两钻孔，分别用于接头焊接和导线固定。

盛装易燃易爆介质的压力容器应设置静电接地装置。当压力容器公称直径≥2.5m 或容积≥50m³ 时，其接地点（接地板）应设两处以上，并沿设备外围均匀布置。

11. 监控使用的压力容器检查

（1）检查项目　监控使用的压力容器，监控措施是否有效实施。

（2）检查要求　查看压力容器最近一次定期检验报告的检验结论，核实该台压力容器是否为监控使用。对监控使用的压力容器，所有监控措施应有效实施。对非监控使用压力容器，本项目不检查。

（3）检查内容

1）现场监控措施是否有效实施。

2）管理制度、记录是否齐全。

（4）检查记录　逐项检查现场实物和资料。对于非监控使用的压力容器，此项为不适用，在记录栏中打"/"。

（5）结果判定　有一项不符合，该项目检查结论为"不符合要求"。

📖 **相关知识**

压力容器在使用一段时间后必须进行定期检验以确定其能否继续安全使用。由于制造、安装技术水平的限制，使用条件的变化，操作和管理不善，以及长期使用的结果等，很多压力容器在使用过程中一些原始制造时遗留的缺陷会发展，有些部位还会产生新缺陷。进行压力容器定期检验，消除在检验过程中发现的超标缺陷是保证压力容器安全运行的首要条件。对经特种设备检验检测机构定期检验发现的超标缺陷，如果在可控范围内，压力容器使用单位采取了有效的监控措施保证压力容器能安全使用，可限定监控使用的时间和提出对存在缺陷的处理要求。

在定期检验时，如果压力容器安全状况等级经特种设备检验机构检验判定为4级，定期检验结论为"基本符合要求"，则应有条件地监控使用，累计监控使用时间不得超过3年；安全状况等级为5级的，使用单位应当对缺陷进行处理，否则不得继续使用。

压力容器主体材料不符合有关规定，或材料不明，或虽选用正确，但已有老化倾向；主体结构有较严重的不符合有关法规和标准的缺陷，强度经校核尚能满足要求；焊接质量存在线性缺陷；根据检验报告，未发现压力容器存在的缺陷在使用过程中发展或扩大；使用过程中产生了腐蚀、磨损、损伤、变形等缺陷，其检验报告确定为不能在规定的操作条件下或在正常的检验周期内安全使用。对于以上情况必须采取相应措施进行修复和处理，提高安全状况等级，否则只能在限定的条件下短期监控使用。

压力容器监控使用的措施主要有：降低温度、压力等使用参数，安装在线监控仪（监控裂纹等超标缺陷的扩展），加强日常的检查或某些项目的检测，如定期测厚、定期无损检测等。对工艺系统中重要和关键的压力容器，可以安装和设置在线监控仪，利用声发射、超声波、应力应变仪等实时监控缺陷的扩展变化情况。

2.2.3　搪玻璃压力容器专项检查

搪玻璃是将硅含量高的瓷釉涂于金属表面，通过950℃搪烧，使瓷釉密着于金属铁胎表面制成。因搪玻璃具有类似玻璃的化学稳定性和金属强度的双重优点，搪玻璃压力容器（图 2-17）广泛用于化工、医药、染料、农药、有机合成、石油、食品制造和国防工业等工业生产和科学研究中的反应、蒸发、浓缩、合成、萃取、聚合、皂化、矿化、氯化、硝化等，以代替昂贵的不锈钢和有色金属。在耐蚀性方面，搪玻璃对于各种浓度的无机酸、有机酸、有机溶剂及弱碱等介质均有极强的耐蚀性，但对于强碱、氢氟酸及含氟离子介质，以及温度高于180℃、浓度大于30%的磷酸等不适用。

图 2-17　立式搪玻璃压力容器

搪玻璃设备主要包括反应罐、储罐、蒸馏罐、冷凝器，设计制造的主要依据标准为 TSG 21—2016《固定式压力容器安全技术监察规程》和 GB/T 150.1～150.4—2011《压力容器》以及 GB 25025—2010《搪玻璃设备技术条件》。

搪玻璃压力容器作为非金属衬里压力容器广泛应用于化工、制药等工业生产领域，搪玻璃容器内盛装的均为强腐蚀性介质，其耐蚀性取决于搪玻璃层的致密性和完整性。搪玻璃层一旦破坏，金属基体即会被快速腐蚀，所以搪玻璃层的破坏是导致容器失效的重要原因。

压力容器搪玻璃层破损的原因主要有以下几种。

1）机械冲击磨损损坏：因搪玻璃层抗冲击能力差，任何金属硬物对其进行撞击均可能导致搪玻璃层的破损；物料对搪玻璃层的冲蚀磨损也可能造成搪玻璃层的减薄、破损。

2）温差应急损坏：搪玻璃的膨胀系数和伸长率小于金属材料，且与温度密切相关，因此工作温度对搪玻璃容器的使用寿命有较大影响；当压力容器受热或遇冷时搪玻璃的变形量小于金属材料的变形量，搪玻璃层将受到金属基体的约束而产生应力，如果温差过大而导致搪玻璃层受到的应力超过其承载极限，则搪玻璃层将遭到破坏发生爆瓷。

3）腐蚀损坏：当容器内承装的介质与搪玻璃的允许使用条件不匹配或搪玻

璃层厚度不符合要求时也可能导致玻璃层的腐蚀和损坏,例如某些强酸、强碱及氟化物在高温下均可能造成搪玻璃层的快速腐蚀。

4)超压损坏:当搪玻璃容器内或夹套内的介质压力超过设计允许压力时将造成搪玻璃容器金属壳体变形,从而导致搪玻璃层的损坏,因此对容器及夹套内介质的压力应进行有效控制;不当的耐压试验压力也会造成搪玻璃这种极度脆性材料出现微裂纹而损坏。

5)管口应力超过许用载荷:搪玻璃容器接管管口的许用载荷要小于一般钢制压力容器管口的许用载荷,如果搪玻璃容器管道系统设计不合理,在操作工况下会引起管口的局部应力超过许用载荷,则接管处可能发生爆瓷损坏。另外,安装偏差也会引起爆瓷,通常是由于螺栓拧紧力过大或不均匀,容器与管道连接处未安装膨胀节或波纹管等造成的。因此在定期检验中应重点检查、测量搪玻璃衬里,这是判断容器安全状况等级的重要依据。

搪玻璃设备是易损品,使用不当、维护不好,搪玻璃设备的使用寿命就会大大缩短,正确使用和维护非常关键。在使用时应注意以下问题。

1)严禁用锤子敲击搪玻璃设备。

2)固体物料最好溶解后再加入反应罐内,以避免固体物料磨损和撞击搪玻璃层。

3)搅拌固体物料或黏度很高的物料时,启动搅拌时应多点动几次后再启动,避免一次启动搅拌锚翼转动阻力过大而导致搪玻璃层爆裂。

4)频繁的大幅度的温度冷、热急变经常是造成搪玻璃层爆瓷的原因,因此严禁热介质或冷介质直接冲击搪玻璃层及其金属基体反面,严禁夹套内高温蒸汽和冷介质直接冲击罐体或一开始就以最大量通入夹套升温或降温。例如:给冷的反应罐中加入温度较高的热介质时,最好先加热反应罐;给热的反应罐中加入冷介质时,应少量多次加入,或等设备冷却下来以后再加入。在给夹套内通入高温蒸汽或冷介质加热或冷却时,应先少量加入,等设备温度升高或降低到一定温度时,再大量通入,避免夹套内温度急变而引起爆瓷。

5)严禁腐蚀性的介质通入夹套内,特别是酸性介质。因为酸性介质中的氢原子会向钢板中渗透、扩散并聚集在搪玻璃层和钢板的界面上,即搪玻璃层的底釉层中,底釉层是多孔状的,氢原子渗透到孔隙中会形成氢气。随着氢原子的不断渗透,孔隙中氢气的压力越来越高,会引起大面积爆瓷。

1. 搪玻璃压力容器外表面

(1)检查项目 压力容器外表面防腐漆是否完好,是否有锈蚀、腐蚀现象。

(2)检查要求 搪玻璃压力容器外表面防腐漆应完好,无锈蚀、腐蚀现象;严禁在搪玻璃压力容器外表面直接施焊和敲打,外表面应无施焊或敲打痕迹。

(3)检查内容 目视检查搪玻璃压力容器的外表面,检查防腐漆层是否完整，有无锈蚀、腐蚀、施焊、敲打情况。

（4）检查记录　现场实物和资料逐项检查，记录防腐漆层情况和压力容器外表面锈蚀和腐蚀情况。对于非搪玻璃压力容器，此项为不适用，在记录栏中打"/"。

（5）结果判定　防腐漆层完好、无严重锈蚀和腐蚀，该项目检查结论为"符合要求"；外表面防腐漆层破损，锈蚀和腐蚀情况严重时记录检查情况，该项目检查结论为"不符合要求"。

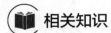 **相关知识**

压力容器使用单位厂房空气中或周围设备管道中的腐蚀性气体会冷凝到设备表面而腐蚀基体金属。压力容器上方的设备或管道泄漏，腐蚀性介质滴落到搪玻璃设备上也会使基体金属受到严重腐蚀，腐蚀性介质中的氢原子会渗透到金属基体与搪玻璃界面而引起爆瓷。在压力容器年度检查时，要认真检查搪玻璃压力容器外表面有无腐蚀的情况及腐蚀程度，对有腐蚀现象的，应及时分析找到原因并采取相应的措施。

2. 搪玻璃压力容器密封面

（1）检查项目　密封面是否有泄漏。

（2）检查方法　目视检查现场实物。

（3）检查要求　搪玻璃压力容器法兰连接处、搅拌轴与壳体连接处等各密封面结构和垫片材料应与罐内介质、温度、压力等相匹配，无泄漏。

（4）检查内容　检查搪玻璃压力容器各部位法兰、接头等密封面处的泄漏情况；检查压力容器运行记录、压力容器故障和事故记录等是否有泄漏事故发生。

（5）检查记录　现场实物和资料逐项检查。对于非搪玻璃压力容器，此项为不适用，在记录栏中打"/"。

（6）结果判定　无泄漏，该项目检查结论为"符合要求"。

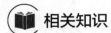 **相关知识**

搪玻璃设备由于高温烧成而引起法兰密封面变形，密封可靠性差，泄漏现象较为普遍。设备中的腐蚀性介质泄漏出来后，会从法兰的外缘逐渐向内腐蚀金属，引起搪玻璃层逐渐脱落。时间一长，泄漏点密封面的搪玻璃层会全部脱落，法兰金属基体受到严重腐蚀而形成残缺和凹坑，设备报废。另外，设备内腐蚀性气体泄漏出来后遇到冷空气冷凝到法兰外缘面上，同样会引起腐蚀。特别是酸性腐蚀介质中的氢原子，会从法兰外缘向深层渗透，引起法兰密封面较大范围的瓷层脱落。

3. 夹套底部排净（疏水）口

（1）检查项目　夹套底部排净（疏水）口开闭是否灵活。

（2）检查方法　目视检查现场实物，排净（疏水）口阀门功能试验。

（3）检查要求　夹套底部排净（疏水）口位置应合理，排净（疏水）口装置应完整，阀门开闭应灵活。

（4）检查内容　夹套底部排净（疏水）口是否完整，阀门开闭是否灵活。

（5）检查记录　检查夹套底部排净（疏水）口，记录检查情况。对于非金属及非金属衬里压力容器，此项为不适用，在记录栏中打"／"。

（6）结果判定　排净（疏水）口开闭灵活，完整无缺件等，检查结论为"符合要求"；排净（疏水）口不能正常开关，阀件不完整，有泄漏或腐蚀等现象时，该项目检查结论为"不符合要求"。

📖 相关知识

对于搪玻璃压力容器，通常是在容器内进行各种化学反应，通过在容器外的夹套进行加热或冷却。夹套内一般会有水蒸气、油等热载体介质，在传热过程中会产生冷凝水等。冷凝水若不能及时排出会导致夹套空间被冷凝水占据，从而减少传热面积，影响传热效果。因此须在夹套的底部装设排污口或疏水口以便及时排除夹套内的冷凝水或污物。

夹套底部排污（疏水）口开闭不灵活、排污阀锈死等，会造成夹套内的冷凝水或污物无法及时排掉，影响传热效果，同时也会造成夹套内壁金属材料和容器外壁金属材料腐蚀。

在年度检查时，应检查排污（疏水）口开关的灵活性以及定期排污记录是否正确，频次是否符合压力容器操作规程，以判断夹套内部是否有污物或冷凝水堆积。有怀疑时可要求压力容器操作人员现场进行排污，根据排污量的大小等情况检查是否与定期排污记录相一致。如果夹套底部有污物或冷凝水堆积，应进一步检查夹套内是否有腐蚀产生。

4. 夹套顶部放气口

（1）检查项目　夹套顶部放气口阀门开闭是否灵活。

（2）检查方法　目视检查现场实物，进行功能试验。

（3）检查要求　搪玻璃压力容器夹套顶部放气口应完整，阀门开闭灵活。

（4）检查内容　检查放气口的完整性；操作放气口阀门打开和关闭，检查是否灵活，密封是否可靠。

（5）检查记录　逐项检查现场实物和资料。对于非金属及非金属衬里压力容器，此项为不适用，在记录栏中打"／"。

（6）结果判定　有一项不符合，该项目检查结论为"不符合要求"。

📖 **相关知识**

搪玻璃压力容器在运行一段时间后，夹套顶部就会有不凝性气体聚积。聚积的不凝性气体中游离氢的浓度较高。游离氢会向搪玻璃金属基体中渗透、扩散并聚集，形成氢气，压力升高，会导致搪瓷层爆裂。同时，不凝性气体聚积会占据夹套空间，降低夹套的换热性能。因此应定期打开夹套顶部的放气口排放掉积聚的不凝性气体，保证搪玻璃压力容器的运行安全。

在年度检查时，应检查放气口开关的灵活性以及定期排气记录是否正确，频次是否符合压力容器操作规程。

2.2.4 石墨及石墨衬里压力容器专项检查

石墨是一种过渡型晶体碳，其线胀系数小、耐温度急变、不污染介质、机加工性能优良，为非金属脆性材料，具有良好的导热性及耐蚀性。石墨及石墨衬里压力容器具有耐高温、高导热及耐酸碱腐蚀等特点，在石油、化工、医药、冶金等领域广泛应用，用于制造换热、吸收、反应等工艺过程压力容器。根据用途不同，石墨制压力容器可分为换热器类、合成炉类、反应釜类及塔类等。最常见的是石墨换热器，其应用领域广、使用量大、结构型式多样。

石墨化材料和半石墨化材料统称为石墨。由焦炭或石墨粉及颗粒与沥青经混合、挤压、模压（或振动成型）后在 2400~3000℃ 高温下形成的石墨材料称为石墨化材料；由石墨粉及颗粒与沥青混合、挤压（或模压、振动成型）后，经 1000~1200℃ 焙烧形成的石墨材料称为半石墨化材料。用于制造压力容器的石墨为不透性石墨，虽然有很好的耐蚀性能和热传导性能、化学稳定性高，但其强度低、脆性大。

石墨及石墨衬里压力容器常见的缺陷是腐蚀、变形、磨损、掉块、裂纹等，在年度检查时，主要检查压力容器的外表面腐蚀状况、石墨件外表面的腐蚀、破损和开裂现象等。

1. 石墨及石墨衬里压力容器外表面

（1）检查项目 压力容器外表面防腐漆是否完好，是否有锈蚀、腐蚀现象。

（2）检查方法 目视检查现场实物，必要时用 10 倍放大镜进行检查。

（3）检查要求 压力容器外表面防腐漆应完好，无锈蚀和腐蚀。

（4）检查内容 石墨及石墨衬里压力容器外表面防腐漆是否完好无损伤。

（5）检查记录 检查现场实物，记录检查情况。对于非石墨及石墨衬里压力容器，此项为不适用，在记录栏中打"/"。

（6）结果判定 防腐漆层有破损，该项目检查结论为"不符合要求"。

📖 **相关知识**

石墨衬里压力容器外表面防腐处理和金属钢制压力容器一样。

石墨材料在温度300℃以上时容易发生氧化反应，会使石墨制压力容器壁材料的力学性能变差。在石墨壳体外表面涂刷防腐漆后，可提高材料机械强度，延长压力容器使用寿命。外表面防腐漆层破损会造成压力容器壳体局部性能降低，导致事故发生。

2. 石墨件外表面

（1）检查项目　石墨件外表面是否有腐蚀、破损和开裂现象。

（2）检查方法　目视检查现场实物，必要时用10倍放大镜检查。

（3）检查要求　石墨件外表面应无腐蚀、破损和开裂现象。

（4）检查内容　检查石墨件外表面是否完好，是否有腐蚀、破损和开裂现象。

（5）检查记录　记录检查时石墨件外表面的腐蚀、破损和开裂情况，如果完好无损，在记录栏中打"√"。对于非石墨及石墨衬里压力容器，此项为不适用，在记录栏中打"／"。

（6）结果判定　石墨件外表面完好，无腐蚀、破损和开裂等现象时，该项目检查结论为"符合要求"；否则，该项目检查结论为"不符合要求"。

📖 **相关知识**

压力容器外表面的腐蚀、破损和开裂是压力容器失效常见的缺陷，若未及时发现会造成严重的后果。外表面的局部腐蚀、破损及开裂往往会在一定条件下进一步扩展至容器内部，导致与腐蚀性介质接触的石墨或石墨衬里层破坏，使介质泄漏，引起更严重的后果。

在年度检查时，要注意检查压力容器外表面的腐蚀、破损和开裂情况，以便尽早采取措施阻止缺陷的扩展。

3. 石墨及石墨衬里压力容器密封面

（1）检查项目　石墨及石墨衬里压力容器密封面是否有泄漏。

（2）检查方法　目视检查现场实物。

（3）检查要求　石墨及石墨衬里压力容器各法兰连接处密封面应无泄漏或泄漏痕迹。

（4）检查内容　石墨及石墨衬里压力容器各密封面是否完好，有无泄漏。

（5）检查记录　记录检查时石墨及石墨衬里压力容器各密封面情况，若完好无损、无泄漏，在记录栏中打"√"。对于非石墨及石墨衬里压力容器，此项为不适用，在记录栏中打"／"。

（6）结果判定　石墨及石墨衬里压力容器密封面完好，无泄漏等现象时，该项目检查结论为"符合要求"；否则，该项目检查结论为"不符合要求"。

📖 **相关知识**

介质的泄漏对石墨及石墨衬里压力容器来说是致命的，因为石墨及石墨衬里压力容器内部盛装的介质都有很强的腐蚀性。出现泄漏首先会在密封面处表现出来，要么是密封面变形等导致的，要么是密封垫等密封元件损坏，或者是紧固件、密封比压力不足等原因导致的。

在年度检查时，要注意检查法兰、阀门等密封面处的情况。发现泄漏，一定要根据泄漏的部位、泄漏的特点等分析查找出泄漏的原因，以便于及时采取相应措施阻止泄漏，并防止以后出现类似情况。

2.2.5　纤维增强塑料及纤维增强塑料衬里压力容器专项检查

纤维增强塑料具有比强度高、比刚度高、低密度、耐腐蚀等优越性能。纤维增强塑料容器是以热固性树脂为基体材料，以玻璃纤维（其他纤维）及其制品为增强材料，可以制成任意结构形式，主要以圆形、椭圆形、方形、球形为主，采用短切纤维喷射、纤维缠绕、手工积层等工艺制成，俗称"玻璃钢容器"。纤维增强塑料已在化工、石油、医药、钢铁、造纸、运输等领域得到广泛应用，如特种设备中的压力管道和压力容器等。

纤维增强塑料容器由于基体材料和增强材料的性能各不相同，可以通过合理的原材料选型、调整材料组分比例、改变增强材料的铺设方式和科学的结构设计以满足不同的理化性能要求。纤维增强塑料容器罐壁通常由内表层、防渗层、结构层和外保护层组成。内表层树脂含量为90%以上，主要起到防水、耐蚀、抗内压的作用。通过对内表层厚度、内表面粗糙度、树脂含量、树脂种类的不同选型，可制造出抗压能力、防渗能力、耐蚀性能、耐温性能、耐磨性能、卫生性能不同的容器。防渗层树脂含量为70%～90%，主要起到防渗漏、抗柔性变形的作用。通过对防渗层厚度、树脂含量、树脂种类的不同设计选型，可制造出不同防腐能力、刚度等级和柔性变形能力的容器。结构层的树脂含量为30%～40%，主要起到抗内外压、抗柔性变形、提高容器结构整体性的作用。通过对外结构层厚度、纤维缠绕角度、树脂含量、树脂种类的不同设计选型，可以制造出不同抗压能力和抗柔性变形能力的容器。外保护层树脂含量在90%以上，主要起到抵抗外部环境破坏和改善容器外观的作用。通过对外保护层厚度、树脂种类、抗紫外线性能的不同设计选型，可制造出抗老化性能、耐蚀性能、抗紫外线性能等不同的容器。

纤维增强塑料具有优良的综合性能，其抗冲击性能良好、耐化学腐蚀、保温性能良好、膨胀系数小、耐磨性能好，同时无毒害、无二次污染、电绝缘性能优良、加工成型工艺性能优良。纤维增强塑料是一种树脂基复合材料，其价格高于碳钢衬胶和塑料设备，而低于有色金属和贵重金属设备，由于耐蚀性好、使用寿命长、维修少等优点，纤维增强塑料容器的整体综合造价远低于传统钢制容器。

1. 压力容器外表面

（1）检查项目　压力容器外表面防腐漆是否完好，是否有腐蚀、损伤、纤维裸露、裂纹或者裂缝、分层、凹坑、划痕、鼓包、变形现象。

（2）检查方法　目视检查。

（3）检查要求　压力容器外表面防腐漆应完好，无腐蚀、损伤、纤维裸露、裂纹或者裂缝、分层、凹坑、划痕、鼓包、变形等现象。

（4）检查内容　检查压力容器外表面防腐漆是否完好，是否有腐蚀、损伤、纤维裸露、裂纹或者裂缝、分层、凹坑、划痕、鼓包、变形等现象。

（5）检查记录　记录压力容器外表面情况，若表面完好没有缺陷，记录为"无缺陷"或打"√"。对于非纤维增强塑料及纤维增强塑料衬里压力容器，此项为不适用，在记录栏中打"/"。

（6）结果判定　防腐漆层完好、无严重锈蚀和损伤等情况时，该项目检查结论为"符合要求"；外表面防腐漆层破损，有腐蚀、损伤、纤维裸露、裂纹或者裂缝、分层、凹坑、划痕、鼓包、变形等现象时记录检查情况，该项目检查结论为"不符合要求"。

📖 **相关知识**

纤维增强塑料衬里压力容器的外表面检查要求和其他金属容器检查要求一样。纤维增强塑料压力容器的外表面状况是其内部质量的间接反映，可以通过发现纤维层表面颜色、形状等的变化来确定纤维增强塑料压力容器的损伤。压力容器的纤维增强塑料壳体外表面应平整光滑、色泽均匀，无腐蚀、破损、气泡、纤维裸露、裂纹或者裂缝、分层、凹坑、划痕、鼓包、变形等缺陷或损伤，否则会引起压力容器失效或泄漏，导致严重事故。在压力容器年度检查时，应仔细检查纤维增强塑料压力容器外表面情况，记录其是否有腐蚀、损伤、纤维裸露、裂纹或者裂缝、分层、凹坑、划痕、鼓包、变形等缺陷。

2. 管口和支撑件连接部位

（1）检查项目　管口、支撑件等连接部位是否有开裂、拉脱现象。

（2）检查方法　目视检查现场实物。

（3）检查要求　纤维增强塑料及纤维增强塑料衬里压力容器管口、支撑件等连接部位应完好，无开裂、拉脱现象。

（4）检查内容　目视检查各管口和支撑件的连接部位，必要时用 10 倍放大镜检查是否有开裂和拉脱现象。

（5）检查记录　检查现场实物，记录管口和支撑件连接部位的外观情况。若无开裂和拉脱现象，记录"无开裂、拉脱"。对于非纤维增强塑料及纤维增强塑料衬里压力容器，此项为不适用，在记录栏中打"/"。

（6）结果判定　有一项不符合，该项目检查结论为"不符合要求"。

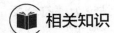相关知识

管口和支撑件等连接部位是纤维增强塑料及纤维增强塑料衬里压力容器的应力集中比较大的部位，容易发生开裂和拉脱现象。在年度检查时，应注意检查压力容器各接管与容器的连接部位，以及各支撑件与压力容器的连接部位是否有变形、开裂及拉脱失效，必要时可用10倍放大镜进行表面检查。

3. 支座、爬梯、平台

（1）检查项目　支座、爬梯、平台等是否有松动、破坏等影响安全的因素。

（2）检查方法　目视检查现场实物。

（3）检查要求　纤维增强塑料及纤维增强塑料衬里压力容器的支座、爬梯、平台等应牢固、稳定，不能有松动、破坏等影响安全的因素。

（4）检查内容　检查纤维增强塑料及纤维增强塑料衬里压力容器的支座、爬梯、平台是否完好，有无松动、损坏、变形、缺件等影响安全的缺陷。

（5）检查记录　现场记录压力容器支座、爬梯、平台的检查情况，有缺件、变形、松动、损坏等缺陷时记录缺陷状况，并初步分析缺陷产生的原因。对于非纤维增强塑料及纤维增强塑料衬里压力容器，此项为不适用，在记录栏中打"/"。

（6）结果判定　有一项不符合，该项目检查结论为"不符合要求"。

相关知识

压力容器的支座是支撑压力容器平稳安放的装置，要求与基础的连接牢固可靠；爬梯、平台等是进行压力容器正常操作和维护修理必要的辅助装置，如果有松动或破坏，也同样会产生严重后果。

年度检查时，要着重检查压力容器支座是否有松动、变形，支座与基础的连接是否牢固可靠，地脚螺栓是否完好，卧式容器的鞍座活动端能否自由滑动等，检查爬梯、平台等辅助装置有无松动、损坏、变形、缺件等影响安全的缺陷。

4. 紧固件、阀门

（1）检查项目　紧固件、阀门等零部件是否有腐蚀破坏现象。

（2）检查方法　目视检查现场实物。

（3）检查要求　纤维增强塑料及纤维增强塑料衬里压力容器各部位的紧固

件和阀门等零部件应完好，无腐蚀破坏现象。

（4）检查内容　检查纤维增强塑料及纤维增强塑料衬里压力容器各部位紧固件、阀门等是否齐全、完好，有无腐蚀破坏。

（5）检查记录　现场依次检查各阀门和紧固件，记录检查情况。对于非纤维增强塑料及纤维增强塑料衬里压力容器，此项为不适用，在记录栏中打"/"。

（6）结果判定　各紧固件和阀门齐全、完好，该项目检查结论为"符合要求"；阀门和紧固件有腐蚀、缺件时，该项目检查结论为"不符合要求"。

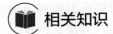 相关知识

纤维增强塑料及纤维增强塑料衬里压力容器盛装的介质都是腐蚀性较大、压力较高的介质。压力容器所处的环境气氛、介质的泄漏等都会造成压力容器紧固件、阀门等零部件的腐蚀破坏，引起紧固件和阀门失效，导致严重后果，因此须重视和加强对压力容器紧固件、阀门等零部件的检查，尤其是年度检查时，要认真检查各压力容器紧固件、阀门等零部件的完整性和完好性等。

5. 密封面检查

（1）检查项目　密封面是否有泄漏。

（2）检查方法　现场实物检查。

（3）检查要求　纤维增强塑料及纤维增强塑料衬里压力容器各密封面应无泄漏及泄漏痕迹，密封元件完好。

（4）检查内容　检查压力容器介质入口和出口处、安全附件及仪表的法兰或其他连接密封面有无泄漏。

（5）检查记录　现场依次检查各密封面，记录检查情况。对于非纤维增强塑料及纤维增强塑料衬里压力容器，此项为不适用，在记录栏中打"/"。

（6）结果判定　各密封面无泄漏，该项目检查结论为"符合要求"；有泄漏及有泄漏痕迹时，应记录泄漏情况，检查结论为"不符合要求"。

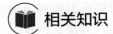 相关知识

纤维增强塑料及纤维增强塑料衬里压力容器盛装的介质都是腐蚀性较强、压力较高的介质，一旦出现泄漏而没有及时发现和处理，会导致严重的后果，因此须重视和加强对密封面的检查和对介质泄漏情况的监视，尤其是年度检查时，要认真检查各密封面处密封元件的完整性和完好性、紧固件的可靠性等。

2.2.6　热塑性塑料衬里压力容器专项检查

热塑性塑料是以热塑性树脂为主要成分，在一定温度下具有可塑性，冷却后

固化成型，具有耐蚀性能好、重量轻的特点。用于制造压力容器的常见塑料有聚氯乙烯（PVC）、聚丙烯（PP）、纤维、以聚四氟乙烯（PTFE）为代表的氟塑料等。塑料容器或者塑料衬里容器因具有节材、环保、防腐等优点，广泛应用于石油化工、医药、食品、化肥、有机合成等领域，主要用于反应、储存，介质多为强腐蚀性、有毒有害的酸碱盐等化学物质。由于容器储存介质的特殊性，容器结构的稳定性、密封性、腐蚀状况等任一环节失效，就存在潜在危险，可能发生爆炸、中毒、环境污染等重大安全事故。

塑料衬里的施工方法主要有粘结法、挂衬法和螺栓固定法。粘结法是选用胶粘剂把塑料板材粘贴在钢壳内表面，衬里与钢壳紧密粘成一体。衬里结构能提高设备的工作压力。常用的胶粘剂有过氯乙烯胶液、聚氨酯胶粘剂和氯丁胶粘剂等。随着胶粘剂性能的提高和胶粘技术的发展，塑料衬里采用粘结法施工不断增多。挂衬法是将塑料板材加工成设备形状套挂在钢制设备的内壁，衬里层与钢壳没有直接固定，可解决硬质塑料板材与钢壳的胀缩悬殊问题，保证塑料衬里层不至开裂损坏，常用于尺寸较小的设备。螺栓固定法是在钢壳内壁适当部位设定螺钉，把塑料板材衬铺在钢壳内壁并用螺母固定好。为防止板材的蠕变拉伸和衬里层的鼓起缺陷，往往采用扁钢压条做箍来支撑衬板面。螺母和钢箍等金属材料应用塑料板全部包覆并焊接严密加以保护。

塑料及塑料衬里压力容器常见的失效形式有变形失效、腐蚀失效。其中变形失效是受外力作用，容器或其塑料衬里层产生结构、形状或尺寸改变而导致的失效，主要包括弹性变形失效、塑性变形失效、蠕变变形失效和失稳变形失效。弹性变形失效会引起脆性断裂，脆性断裂是在容器壁应力远低于塑料的抗拉强度，甚至应力低于屈服强度发生的一种破坏形式，包括开裂和裂纹扩展两个过程。脆性破坏前没有明显的预兆。塑性变形失效是容器产生的塑性变形累积到一定程度后发生的塑性破裂，是在整个截面上的材料都处于屈服状态并充分变形后发生的。塑性破裂前会有较大的塑性变形发生，且持续时间较长，在年度检查时发现可及时采取措施予以补救，避免引起严重事故。蠕变变形失效是材料在保持应力不变的条件下，应变随时间延长而增加，随着时间的积累，塑料及塑料衬里压力容器最终发生变形而失效。塑料衬里压力容器的变形失效中不乏失稳变形失效的案例。在塑料衬里压力容器的设计中，人们更重视使用条件苛刻的容器，如高温高压容器，而忽视低压容器设计的合理可靠性，导致一些在用压力容器的操作压力不高，甚至是常压操作，却会发生失稳事故。腐蚀失效可分为化学腐蚀（容器中的高分子结构发生化学反应甚至结构遭到破坏，生成其他物质并进入介质）和物理腐蚀。

1. 压力容器外表面

（1）检查项目　压力容器外表面防腐漆是否完好，是否有锈蚀、腐蚀现象。

（2）检查方法　检查现场实物，必要时用 10 倍放大镜检查外表面金属基体。

（3）检查要求　热塑性塑料衬里压力容器外表面防腐漆应完好，无锈蚀、腐蚀现象，无变形、划伤及其他损伤。

（4）检查内容　目视检查热塑性塑料衬里压力容器外表面金属基体防腐漆是否完好，是否有锈蚀和腐蚀现象。

（5）检查记录　真实记录外表面金属基体的检查情况。若无锈蚀、腐蚀情况，记录为"无锈蚀、腐蚀"或打"√"；若有锈蚀和腐蚀情况，需要记录锈蚀和腐蚀的部位、大小、深度、数量等数据。对于非热塑性塑料衬里压力容器，此项为不适用，在记录栏中打"/"。

（6）结果判定　有一项不符合，该项目检查结论为"不符合要求"。

 相关知识

热塑性塑料衬里压力容器外表面金属基体的要求和金属钢制压力容器要求一样。不同的是，热塑性塑料衬里压力容器运行时的车间、场所等的环境气氛，可能有使基体金属发生反应产生腐蚀的因素，因此要特别注意和重视热塑性塑料衬里压力容器外表面腐蚀和锈蚀情况的检查。对检查发现的腐蚀和锈蚀情况，要分析并准确找出原因，采取对应有效的措施阻止腐蚀和锈蚀的进一步发展。

2. 压力容器各密封面

（1）检查项目　密封面是否有泄漏。

（2）检查方法　目视检查现场实物。

（3）检查要求　热塑性塑料衬里压力容器介质进出口及其他管口等各密封面处应无泄漏，各密封元件完好。

（4）检查内容　检查压力容器介质入口和出口处、安全附件及仪表的法兰或其他连接密封面有无泄漏。

（5）检查记录　现场依次检查各密封面，记录检查情况。对于非热塑性塑料衬里压力容器，此项为不适用，在记录栏中打"/"。

（6）结果判定　各密封面无泄漏，该项目检查结论为"符合要求"，有泄漏及有泄漏痕迹时，应记录泄漏情况，检查结论为"不符合要求"。

 相关知识

热塑性塑料衬里压力容器盛装的介质都是腐蚀性较强、压力较高的介质，一旦出现泄漏而没有及时发现并处理会导致严重的后果，因此须重视和加强对密封面的检查和对介质泄漏情况的监视，尤其是年度检查时，要认真检查各密封面处密封元件的完整性和完好性、紧固件的可靠性等。

2.2.7 安全附件及仪表

安全附件和仪表是指锅炉、压力容器、压力管道等承压类设备上用于控制温度、压力、容量、液位等技术参数的测量、控制仪表或装置，通常指安全阀、爆破片、液（水）位计、温度计等及其数据采集处理装置。

安全保护装置是指锅炉、压力容器、电梯、起重机械、客运索道、大型游乐设施和场（厂）内专用机动车辆等特种设备上用于控制位置、速度，防止坠落的装置，通常指限速器、安全钳、缓冲器、制动器、限位装置、安全带（压杠）、门锁及其联锁装置等。在固定式压力容器上，主要是指快开门式压力容器的安全联锁保护装置以及液位、温度联锁控制装置等。

定期校验是指按照特种设备相关的安全技术规范和标准规定周期性由取得相应核准资质的特种设备检测机构对安全附件和安全保护装置的性能、精度是否符合有关安全技术规范及相应标准要求，能否安全使用的一种核对检查与比较验证。

特种设备的安全附件、安全保护装置是保障特种设备安全的最后一道防线，因此确保特种设备的安全附件和仪表、安全保护装置的准确性、快速响应性非常关键，为确保其性能进行定期校验、检修十分必要，必须做出记录和出具报告。对安全仪表，如压力表、温度计、液位计等，属于计量强检的应当按照计量法律、法规的要求，经计量部门检定。

安全附件和仪表虽然不属于压力容器本体部分，但是包含在《特种设备安全监察条例》界定的特种设备范围内（特种设备包括其所用的材料、附属的安全附件、安全保护装置和与安全保护装置相关的设施——引自《条例》第九十九条）。固定式压力容器的安全运行离不开安全附件和仪表，当安全附件和仪表配置不齐全、年度检查不合格时，压力容器不允许投入使用。

安全附件包括安全阀、爆破片、安全阀和爆破片组合装置、紧急切断装置、快开门式压力容器安全联锁装置、导静电装置等，安全仪表包括压力表、液位计、测温仪表以及各自的二次仪表等。

安全泄压装置是安全附件中的一部分，主要包括安全阀、爆破片、爆破帽、易熔塞、安全阀和爆破片组合装置等。安全泄压装置有的直接安装在压力容器上，有的安装在与压力容器相连接的管道上。在以下几种情况下，安全泄压装置必须单独安装在压力容器上。

1）液化气体贮存容器。

2）在容器内进行放热或分解等能使压力升高的化学反应的反应容器。

3）气体压缩机附属的气体贮罐。

4）高分子聚合设备。

5）由载热物料加热，使容器内液体蒸发汽化的换热容器。

6）用减压阀降压后进气，且其设计压力小于压力源设备（如锅炉、压气机贮罐等）的压力容器。

7）与压力源直通，而压力源未设置安全阀的容器。

安全附件和仪表的性能只有在运行状态下才能判断其工作是否正常，因此是年度检查的重要部分。

1. 安全阀装置检查要求

安全阀是一种自动阀门，它不借助任何外力而是利用介质本身的作用力在压力容器超压时自动排出部分流体（气体或液体），压力恢复正常后又能自行关闭并阻止流体继续排出，以防止容器内压力超过预定的安全值的一种安全装置。安全阀按结构的不同，可以分为弹簧式安全阀、静重式安全阀（分为重锤式安全阀和杠杆式安全阀两种）、先导式安全阀等，如图 2-18 所示；按开启高度的不同，可以分为微启式安全阀（用于液体介质）和全启式安全阀；按气体排放方式的不同，可以分为全封闭式安全阀（主要用于易燃易爆和有毒有害介质，安全阀排气侧要求密封严密，介质不能向外泄漏）、半封闭式安全阀（适用于介质不会污染环境的场合，安全阀排气侧不要求密封严密，排放的介质大部分通过泄放管排出，部分从阀道与阀杆之间的间隙漏出）和敞开式安全阀三种（主要用于空气介质或对大气不造成污染的高温气体压力容器，安全阀阀盖敞开，弹簧内腔室与大气相通），按平衡背压方式不同，可以分为平衡波纹管式安全阀（背压为变值且变化较大时选用）和非平衡式安全阀（背压变化不超过 10% 开启压力时选用）两种。

a) 静重式安全阀　　　b) 弹簧式安全阀　　　c) 先导式安全阀

图 2-18　安全阀

弹簧式安全阀的加载装置是一个弹簧，通过调节螺母改变弹簧的压缩量，调整阀瓣对阀座的压紧力，就可以确定其开启压力的大小。弹簧式安全阀结构紧凑，体积小，动作灵敏，对振动不太敏感；缺点是阀内弹簧受高温影响时，弹性有所降低。静重式安全阀靠移动重锤的位置或改变重锤的质量来调节安全阀的开启压力，具有结构简单、调整方便、较准确以及适用于较高温度的优点；缺点是结构比较笨重，难以用于高压容器之上。先导式安全阀特别适用于高压、大口径的场合，先导式安全阀的主阀还可以设计成依靠工作介质来密封的形式，或者可以对阀瓣施加比直接作用式安全阀大得多的机械载荷，因而具有良好的密封性能。同时，它的动作很少受背压变化的影响。基于上述原因，先导式安全阀同直接作用式安全阀一样得到了广泛的应用，这种安全阀的缺点在于它的可靠性同主阀和导阀两者有关，动作也不如直接作用式安全阀那样直接和敏捷，而且结构较复杂。

安全阀除具有自动泄压功能外，还有自动报警的作用。当安全阀开启时，由于介质以高速喷出，常常会发出较大的响声，以提醒和引起操作人员的注意。

安全阀型号由字母和数字共7部分组成，各组成部分含义如图 2-19 所示。安全阀型号中各字母及数字含义见表 2-2～表 2-6。

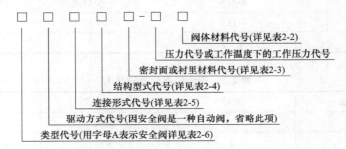

图 2-19　安全阀型号各组成部分含义

表 2-2　安全阀阀体材料代号

阀体材料	代号	阀体材料	代号
灰铸铁	Z	铬钼合金钢	I
球墨铸铁	Q	铬镍系不锈钢	P
碳素钢	C	铬钼钒合金钢	V

注：公称压力≤1.6MPa 的灰铸铁阀体和公称压力≥2.5MPa 的碳素钢阀体，省略本代号。

表 2-3　阀座密封面材料代号

阀座密封面材料	代号	阀座密封面材料	代号
铜合金	T	渗氮钢	D
橡胶	X	渗硼钢	P
尼龙塑料	N	硬质合金	Y
Cr13 系不锈钢	H	阀体本体加工	W
锡基轴承合金（巴氏合金）	B	氟塑料	F
衬胶	J	搪瓷	C

注：当密封副的密封面材料不同时，用低硬度材料代号。

表 2-4　安全阀结构型式代号

结构型式				代号
弹簧式	封闭	带散热片	全启式	0
		微启式		1
		全启式		2
	不封闭	带扳手	全启式	4
			双弹簧微启式	3
			全启式	8
			微启式	7
		带控制机构	全启式	6
杠杆式	单杠杆		全启式	2
	双杠杆		全启式	4
先导式				9

表 2-5　安全阀连接形式代号

连接形式	代号	连接形式	代号
内螺纹	1	对夹	7
外螺纹	2	卡箍	8
法兰式	4	卡套	9
焊接式	6		

表 2-6　安全阀类型代号

安全阀类型	代号	安全阀类型	代号
弹簧式安全阀	A	杠杆式安全阀	GA
低温安全阀	D		

安全阀公称压力代号：公称压力代号用阿拉伯数字表示，其数值是以兆帕（MPa）为单位的公称压力值的 10 倍。当标注工作温度和工作压力时，工作压力须用 P 标示并在 P 字母的右下角标注介质最高温度数值，该数值是以 10 除介质最高温度数值所得的整数。如：工作温度为 540℃、工作压力为 10MPa 的阀门，其代号为 $P_{54}100$。

如常见的安全阀 A42F-2.5 为全启式弹簧式法兰连接、阀座密封面为氟塑料的安全阀，主要用于液化石油气、液氨、液氯等介质的固定式压力容器。

（1）安全阀选型

1）检查项目：选型是否正确。

2）检查方法：检查现场实物、核对资料。

3）检查要求：安全阀选型、安装正确，与固定式压力容器内盛装的介质特性相匹配；按设计文件的要求配置和安装安全阀。

4）检查内容：现场根据压力容器内的介质状况，检查安全阀的选型是否与所保护的介质相符，是否存在气相介质使用了微启式安全阀、易燃易爆及有毒有害介质使用了非封闭式安全阀等情况。

5）检查记录：选型正确，与容器内盛装的介质特性相匹配，在检查记录栏中填写安全阀的型号、规格和数量；对于选型不正确、不符合设计文件（图样）和相关安全技术规范及标准的情况，在检查记录栏中记录不匹配情况。对于本体上未安装安全阀的压力容器，此项为不适用，在记录栏中打"/"。

6）结果判定：安全阀选型正确，未发现问题，该项目检查结论为"符合要求"；否则，该项目检查结论为"不符合要求"。

📖 相关知识

安全阀的选型至关重要。若选型错误，不但对压力容器起不到安全保护作用，还会引发压力容器事故，因此安全阀的选型是否正确是年度检查安全装置时，首先要确认的项目。

安全阀选型涉及的基础知识较多，需要检查人员首先了解和掌握的是每种结构安全阀的优缺点和适用范围、不适用范围等。在检查此项时，如果所检查的固定式压力容器的设计文件齐全，首先找到压力容器设计单位选用的安全阀的规格型号，再核对容器上装设的安全阀规格型号是否与设计文件选用的安全阀一致。特别要强调的是，曾多次发现设计时选用的安全阀规格型号与容器内盛装的介质不相匹配的情况。因此当怀疑安全阀选型有问题时，如果不能自行确认，可进一步联系特种设备检验检测机构人员进行确认。

全启式安全阀适用于排放气体、蒸汽或者液体介质，微启式安全阀一般适用于排放液体介质。全启式安全阀是指阀瓣开启高度已经使阀座上形成的柱形面积不小于阀座喉部的横截面积（全启式安全阀的阀瓣最大开启高度应不小于阀座喉部直径的 $1/4$）。微启式安全阀是指阀瓣开启高度为阀座喉部直径的 $1/40 \sim 1/20$，一般用于排放液体介质，当达到整定压力时开启，并随压力的升高而继续开大，适用于不可压缩液体的膨胀泄压。

排放有毒或者可燃性介质时必须选用封闭式安全阀。封闭式安全阀分为全封闭式安全阀和半封闭式安全阀。全封闭式安全阀排气时，气体全部通过泄放管排放，不能向外泄漏，主要用于介质为有毒、易燃易爆气体的压力容器。半封闭式安全阀所排出的气体一部分通过安全阀出口泄放排出，一部分从阀盖与阀杆间的间隙中漏出，主要用于盛装不会污染环境介质的压力容器。

安全阀按以下原则选用。

1）一般首先选用弹簧敞开式，当背压变化较大时，可根据盛装的介质特性选用平衡波纹管式或先导式安全阀，当波纹管有可能被污染或被损坏时应选用先导式安全阀。

2）液体介质一般选用微启式弹簧安全阀或全启式安全阀。

3）空气或其他气体介质一般选用全启式弹簧安全阀。

4）易燃易爆和有毒介质应选用全封闭式安全阀，蒸汽、空气和惰性气体可选用半封闭式或敞开式安全阀。

5）带扳手和不带扳手，扳手的作用主要是检查阀瓣的灵活程度，有时也可用作紧急泄压。

6）介质温度大于300℃时应选用带散热片的安全阀。

常见的安全阀的适用范围见表2-7。

表2-7　常见的安全阀的适用范围

序号	安全阀名称		安全阀优缺点	适用范围	不适用范围
1	弹簧式安全阀		结构简单、可靠性高，适用于大部分介质；缺点是会发生频跳，同时因阀座密封力随介质压力的升高而降低，在未达到设定点前，就有少量介质泄出	适用于大部分场合，应用最普遍，可用于各种气体、液体、蒸汽等	不适用于黏稠性或粉末状、颗粒状介质
2	静重式安全阀	杠杆式	利用重锤通过杠杆加载于阀瓣上	适用于高温场合，锅炉上有少量应用	不适用于移动和振动的场合
		重锤式	利用重锤直接加载于阀瓣上	适用于高温场合，锅炉上有少量应用	不适用于移动和振动的场合
3	先导式安全阀		由主阀和先导阀组成，主阀阀瓣的关闭载荷由介质压力提供，主阀的开启压力由导阀控制，优点是密封性好，动作压力基本不受背压影响	适用于高压、大口径的场合	
4	平衡波纹管式安全阀		平衡背压能力强，阀芯内件与腐蚀性或高温介质相隔离，用波纹管抵消背压变化对动作性能的影响	适用于背压不固定、背压变化量比较大的场合，安全阀的背压力大于其整定压力的10%而小于30%的场合以及介质具有腐蚀性、易结焦、会影响安全阀弹簧的正常工作的场合	不适用于酚液、蜡液、重石油馏分等介质

年度检查时，还需要检查安全阀的安装是否符合以下要求。

1）安全阀应竖直安装，以使其阀杆处于铅垂方向，从而保证阀瓣能顺利开启和关闭。

2）对于压力容器，应装设在压力容器液面以上气相空间的最高处，或装设在与压力容器气相空间相连的管道上。

3）安全阀与压力容器之间的连接管和管件的通孔，其截面面积不得小于安全阀的进口截面面积。其接管应尽量短而直，避免较大的压降。

4）几个安全阀若共同装设在一个与压力容器直接相连的短管上，则该短管的流通截面面积应至少等于这些安全阀的进口截面面积之和。

（2）安全阀校验有效期

1）检查项目：是否在校验有效期内使用。

2）检查方法：目视检查现场实物，核对校验标牌、资料及校验报告。

3）检查要求：安全阀应按相关安全技术规范的规定定期校验（有效期一般为1年，符合相关要求时经使用单位安全管理负责人书面批准可延长至3～5年），确保安全阀在校验有效期内使用。

4）检查内容：现场检查安全阀外观是否完好，铅封和校验标牌是否完整，是否超过校验标牌上的校验有效期；必要时或有怀疑时核对安全阀的校验证书，检查是否一致。

5）检查记录：记录安全阀外观、铭牌、校验标牌、铅封、整定压力、校验有效期等内容。对于本体上未安装安全阀的压力容器，此项为不适用，在记录栏中打"/"。

6）结果判定：安全阀外观、铭牌、校验标牌、铅封、整定压力、校验有效期等均满足要求，该项目检查结论为"符合要求"；有一项内容不满足要求时，该项目检查结论为"不符合要求"，记录不符合的内容。

📖 相关知识

压力容器在正常工作压力下运行时，安全阀会保持严密不漏，若容器内压力一旦超过整定压力，则能自动地、迅速地排泄出容器内的介质，使设备的压力始终保持在许用压力范围以内。安全阀的密封主要是靠弹簧等施力元件将上下密封元件——阀瓣始终压在一起，若长时间不动，上下阀瓣会粘结在一起，造成安全阀在压力容器内部超压时不能正常动作而失去安全保护功能。同时，随着时间的推移，安全阀的主要施力元件（弹簧）性能也会发生变化，导致安全阀整定压力发生变化。为了保证安全阀能正常、可靠地工作，应定期校验安全阀。安全阀经校验后，严禁通过加重物、移动重锤、将阀瓣卡死等手段任意提高安全阀整定压力或使安全阀失效。

安全阀定期校验时，整定压力试验不得少于 3 次，每次都必须达到规程及其相应标准的合格要求。

安全阀的整定压力和密封试验压力，需要考虑背压的影响和校验时介质、温度与设备运行的差异，并且予以必要的修正（或校验后现场调试）。

新安装、检修后的安全阀应进行整定压力的试验。

校验中，校验人员需要及时记录校验的相关数据，校验后铅封、挂牌、出具校验报告（标牌上有校验机构名称及代号、校验编号、安装的设备编号、整定压力和下次校验日期），校验用压力表精度不低于 1.0 级，每 6 个月校验 1 次。

根据相关固定式压力容器安全技术规范，安全阀一般每年至少检验 1 次，对于满足以下条件的安全阀，校验周期可以适当延长，延长期限按照相应安全技术规范的规定。

1）弹簧直接载荷式安全阀满足以下条件时，其校验周期最长可以延长至 3 年。

① 安全阀制造单位能提供证明，证明其所用弹簧按照 GB/T 12243《弹簧直接载荷式安全阀》进行了强压处理或者加温强压处理，并且同一热处理炉同规格的弹簧取 10%（但不得少于 2 个）测定规定负荷下的变形量或者刚度，测定值的偏差不大于 15%。

② 安全阀内件材料耐介质腐蚀。

③ 安全阀在正常使用过程中未发生过开启。

④ 压力容器及其安全阀阀体在使用时无明显锈蚀。

⑤ 压力容器内盛装非黏性并且毒性危害程度为中度及中度以下介质。

⑥ 使用单位建立、健全了设备使用、管理与维护保养制度，并且有可靠的压力控制与调节装置或者超压报警装置。

⑦ 使用单位建立了符合要求的安全阀校验站，具有安全阀校验能力。

2）弹簧直接载荷式安全阀，在满足 1）中第②~⑦项的条件下，同时满足以下条件时，其校验周期最长可以延长至 5 年。

① 安全阀制造单位能提供证明，证明其所用弹簧按照 GB/T 12243《弹簧直接载荷式安全阀》进行了强压处理或者加温强压处理，并且同一热处理炉同规格的弹簧取 20%（但不得少于 4 个）测定规定负荷下的变形量或者刚度，测定值的偏差不大于 10%。

② 压力容器内盛装毒性危害程度为轻度（无毒）的气体介质，工作温度不大于 200℃。

（3）安全阀铅封装置

1）检查项目：杠杆式安全阀防止重锤自由移动和杠杆越出的装置是否完好，弹簧式安全阀调整螺钉的铅封装置是否完好，静重式安全阀防止重片飞脱的装置是否完好。

2）检查方法：目视检查现场实物。

3）检查要求：安全阀中防止安全阀整定压力被人为调整的铅封装置应完好。

4）检查内容：现场检查杠杆式安全阀防止重锤自由移动和杠杆越出的装置是否完好，弹簧式安全阀调整螺钉的铅封装置是否完好，静重式安全阀防止重片飞脱的装置是否完好。

5）检查记录：逐项检查现场实物和资料。对于本体上未安装安全阀的压力容器或非杠杆式、静重式和弹簧式安全阀，此项为不适用，在记录栏中打"/"。

6）结果判定：杠杆式安全阀防止重锤自由移动和杠杆越出的装置、弹簧式安全阀调整螺钉的铅封装置、静重式安全阀防止重片飞脱的装置均完好时，该项目检查结论为"符合要求"；否则，该项目检查结论为"不符合要求"。

📖 **相关知识**

安全阀铅封是指对校验合格后安全阀的可拆卸或可调节处用金属线穿起，然后在金属线端头用铅块固定，以达到保护的目的。对于杠杆式安全阀要求有防止重锤自由移动和杠杆越出的装置，应对重锤位置进行铅封；对于静重式安全阀要求有防止重片飞脱的装置，应对重片位置进行铅封。

安全阀铅封能有效防止非正常打开安全阀而破坏已调试好的安全状态。使用时发现铅封损坏则表明安全阀可能不能发挥安全保护作用，这时应该重新进行校验。安全阀铅封如图2-20所示。

（4）安全阀和压力容器之间的截止阀

1）检查项目：如果安全阀和压力容器之间装设了截止阀，截止阀是否处于全开位置及铅封是否完好。

图2-20 铅封状态的弹簧式安全阀

2）检查方法：目视检查现场实物，必要时手动检查。

3）检查要求：在压力容器与安全阀之间安装了截止阀的压力容器，应确保截止阀处于全开状态并用铅封或挂锁固定其全开状态；截止阀的结构和通径应不妨碍安全阀的安全泄放。

4）检查内容：现场查看压力容器与安全阀之间的截止阀是否处于全开状态，截止阀悬挂的标志牌上标示的状态是否为"开"，截止阀是否有铅封或挂锁。必要时或有怀疑时可手动检查截止阀的关闭状态。

5）检查记录：记录现场检查时截止阀的情况和铅封或挂锁情况。对于本体上未安装安全阀的压力容器或在安全阀与压力容器之间未安装截止阀的压力容器，此项为不适用，在记录栏中打"／"。

6）结果判定：现场检查时截止阀处于全开状态，铅封或挂锁完好，该项目检查结论为"符合要求"；若截止阀为关闭状态或半关闭状态且没有铅封或挂锁时，该项目检查结论为"不符合要求"。

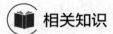 相关知识

安全阀与压力容器之间一般不宜装设截止阀或其他引出管；对于盛装毒性程度为极度、高度、中度危害介质，易燃、腐蚀、黏性介质或贵重介质的压力容器，为便于安全阀的清洗与更换，经使用单位主管压力容器的技术负责人批准，并制定可靠的防范措施，方可在安全阀与压力容器之间装设截止阀。

在安全阀与压力容器之间装设的截止阀的结构和通径应不妨碍安全阀的安全泄放，同时在压力容器正常运行期间截止阀应加铅封或锁定（图2-21），以确保截止阀始终处于全开状态。加铅封的目的是防止人为误操作关闭该截止阀，造成系统超压时不能及时泄压。

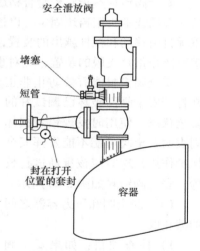

图2-21 安全阀与压力容器之间装设的截止阀的铅封

（5）安全阀泄漏

1）检查项目：安全阀是否有泄漏。

2）检查方法：目视检查现场实物，检查声音。

3）检查要求：安全阀与压力容器、安全阀与截止阀、安全阀与泄放管之间，以及安全阀本体各连接部位应无泄漏或泄漏痕迹。

4）检查内容：检查安全阀出口处是否有泄漏，必要时可通过声音检查；对安全阀出口处无法观察到是否有泄漏的情况，应通过检查泄放管与安全阀出口处的连接法兰或螺纹外观情况综合判断，必要时可拆开泄放管检查。

5）检查记录：现场记录安全阀出口处泄漏的检查情况。对于本体上未安装安全阀的压力容器，此项为不适用，在记录栏中打"／"。

6）结果判定：现场检查安全阀出口处无泄漏时该项目检查结论为"符合要求"；否则，该项目检查结论为"不符合要求"。

📖 **相关知识**

在设备正常工作压力下，阀瓣与阀座密封面处不能发生超过允许程度的渗漏，安全阀的泄漏不但会引起介质损失，还会使硬的密封材料遭到破坏。常用的安全阀密封面都是金属材料，虽然力求做得光洁平整，但是要在介质带压情况下做到绝对不漏非常困难。对于工作介质是蒸汽的安全阀，在规定压力值下，如果在出口端肉眼看不见，也听不出有漏泄，就认为密封性能是合格的。安全阀泄漏的原因如下。

1）颗粒杂质落到密封面上，造成阀芯与阀座间有间隙，从而导致阀门渗漏，并在密封面形成压痕。消除这种故障的方法就是研磨掉杂质在密封面上的压痕。一般在设备准备大小修时，设备管道的介质因系统的压力波动、温度的变化，造成介质中的颗粒及杂质冲进阀内。在安全阀调校时，试压介质如清水、氮气、压缩空气等若含杂质过多，也将直接影响密封面的密封效果。

2）存积在密封面间的水垢污渣、腐蚀性介质及残留物在密封面间产生的凹坑沟痕，造成阀瓣和阀座间密封不严密。蒸汽介质压力容器的安全阀在使用中一旦开启，回落时阀芯与阀座之间就会留下一层水垢，时间一长便会生成氧化铁。未开启的安全阀经过长期使用，一般密封面都会残留一些杂质，生成污锈和产生腐蚀，从而使安全阀的密封性能下降，需每年检修1次。

3）密封面损伤。造成密封面损伤的主要原因有以下几点：

① 密封面材质不良。例如某安全阀阀芯与阀座密封面堆焊层普遍已经研磨掉了，使密封面的硬度也大大降低，从而造成密封性能下降。消除这种现象最好的方法就是将原有密封面车削掉，重新堆焊合金层，然后按原尺寸加工，提高密封面的表面硬度。注意在加工过程中一定要保证加工质量，如果密封面出现裂纹、砂眼等缺陷，一定要将其车削掉，然后重新加工。新加工的阀芯阀座一定要符合图样要求。目前使用YST103通用钢焊条堆焊的阀芯密封面效果较好。

② 介质冲蚀、磨损所产生的划痕造成阀瓣与阀座密封不严密，安全阀开启次数越多，密封面间冲蚀、磨损越严重。另外，如果安全阀回座压力过小，则阀瓣要在压力降低很多的情况下才能回座，排放时间增长，密封面受到高速介质的冲蚀、磨损加重。

③ 检修质量差，阀芯阀座研磨的表面粗糙度达不到质量标准要求。安全阀阀芯及阀座的研磨是安全阀检修的重要工作。对于密封面的划伤、压伤等缺陷，其深度小于0.05mm时一般用研磨加以消除。研磨阀门时，阀体上密封面的研磨比阀芯的研磨要困难些，而阀体密封面研磨的质量，关键在于磨头。消除这种故障的方法是根据损伤程度采用研磨或车削后研磨的方法修复密封面。在研磨时不能出现倾斜、偏磨现象。

4）装配不当或有关零件尺寸、材质不合适。在装配过程中阀芯阀座未完全对正或结合面有透光现象，或者阀芯阀座密封面过宽不利于密封。消除方法是：检查阀芯周围配合间隙的大小及均匀性，保证阀芯顶尖孔与密封面的同心度，检查间隙时不允许抬起阀芯；根据图样要求适当减小密封面的宽度实现有效密封。密封材料必须选用适当的材质。

5）安全阀校验存在误差。在定期校验时，整定压力没有严格地按规定值调整，仅以能否排气泄压作为合格的标准。如果所调整的整定压力与压力容器的正常工作压力很接近，就有可能导致密封面的关紧力过小，当阀门的接管过长产生振动或压力波动时容易发生泄漏。另外，当冷态校验与实际高温或低温工况不同时，整定压力的调整也存在一些误差。

（6）安全阀放空管

1）检查项目：放空管是否通畅，防雨帽是否完好。

2）检查方法：目视检查现场实物。

3）检查要求：安全阀放空管（泄放管）应通畅，无阀门（或安装的阀门为常开状态，挂锁或铅封）；防雨帽（或防雨水结构）应完好，可自由活动。

4）检查内容：检查安全阀放空管是否通畅，现场有无任何可能导致放空管阻塞的条件，应设置可自由活动的防雨帽或排污阀。

5）检查记录：记录现场放空管和防雨帽的检查情况。对于本体上未安装安全阀的压力容器，此项为不适用，在记录栏中打"/"。

6）结果判定：放空管和防雨帽完好时，该项目检查结论为"符合要求"；放空管存在阻塞、防雨帽有卡阻或固定等问题，易燃易爆及有毒等危险性介质的放空管未接到安全地点排放，以及排放带有凝液介质或可冷凝气体时排放口高于安全阀出口且无排液措施时，该项目检查结论为"不符合要求"。

📖 相关知识

安全阀应装设放空管。放空管应尽量避免曲折和急转弯，以尽量减小阻力。放空管应直通安全地点，并有足够的流通截面面积，保证排汽畅通。对于能相互作用产生化学反应的气体用安全阀，不能共享一根放空管。当安全阀安装在有腐蚀性可燃气体的设备上，排放时还应采取防腐蚀措施。当装设安全阀的设备内为有毒介质且该介质的蒸汽密度大于空气密度时，从安全阀排出的介质及其蒸气应引入专门的封闭系统中，并应从封闭系统回收到生产中使用。同时，放空管应予以固定，以免使安全阀产生过大的附加应力或引起振动。

若放空管露天布置而影响安全阀的正常动作时，应加装防护罩。放空管及其防护罩、消声器不能妨碍安全阀的正常动作与维修。

当排放带有凝液介质或可冷凝气体时，应使放空管口低于安全阀出口，否则，应在安全阀放空管底部装有接到安全地点的疏水（液）管。疏水（液）管上不允许装设截止阀，或装设的截止阀应保持全开状态，且有铅封。

2. 爆破片装置检查

爆破片装置是一种防止压力容器发生超压破坏的非闭合断裂型安全泄压装置，能在规定的温度和压力下进行爆破并泄放压力，一般由爆破片和相应的夹持器两部分组成。爆破片是在标定爆破压力及温度下爆破泄压的元件，是压力和温度的敏感元件，但它不能像安全阀一样能重复闭合。它由入口处的静压力启动，通过受压膜片的破裂或脱落来泄放压力。夹持器是在压力容器的适当部位安装夹持爆破片的辅助元件，主要是保证爆破片周边夹持牢靠、密封严密，同时夹持器与爆破片元件匹配，使爆破片在标定爆破压力下能准确爆破泄压。常见爆破片的适用范围及特点见表2-8。

表 2-8 常见爆破片的适用范围及特点

名称及代号	简图	适用范围及特点
平板型 P		系统压力作用于爆破片的平面
正拱普通平面型 LPA		爆破片由坯片直接成形，结构简单、价格便宜，但疲劳强度低，容易变形，一般用在爆破压力较高的设备上，但工作压力不宜超过爆破压力的70%，所以当设备的操作压力与设备的设计压力很接近时不宜选用正拱普通型爆破片。同时这种爆破片爆破时会产生碎片，不可用于易燃易爆的介质，可与安全阀串联使用。当爆破压力或泄放口径很小时，也会给爆破片的制造增加困难，不宜选用
正拱普通锥面型 LPB		
正拱带槽型 LC		爆破片上加工有减弱槽，爆破后不产生碎片，适用于气液介质，爆破压力较高的场合；允许工作压力可达爆破压力的80%，疲劳强度较高；可以和安全阀串联使用，爆破时无火花
正拱开缝型 LF		爆破片由两层或两层以上组成，其中一层为密封膜，并至少有一层为带有孔（缝）的正拱形爆破片。适用于气液介质、设计压力较低的场合；密封膜直接与介质接触，确定爆破温度时应考虑密封膜的使用温度；爆破时产生少量碎片；允许工作压力可达爆破压力的80%，但其疲劳强度较低

（续）

名称及代号	简图	适用范围及特点
反拱带槽型 YC		爆破片上加工有减弱槽，爆破后不产生碎片，适用于气液及气相介质、爆破压力较高的场合；承受背压能力好；爆破时无碎片，可与安全阀串联使用；爆破时无火花产生；允许工作压力可达爆破压力的90%
反拱带刀型 YD		爆破片失稳翻转时因触及夹持器上的刀刃而破裂泄放，适用爆破压力范围较大；承受背压能力好；爆破时无碎片，可与安全阀串联使用；爆破时有火花产生，不适用于介质为易燃易爆的场合；允许工作压力可达爆破压力的90%
反拱鳄齿型 YE		爆破片失稳翻转时因触及环形鳄齿而破裂泄放，适用于压力较低的场合；承受背压能力好；爆破时无碎片，可与安全阀串联使用；允许工作压力可达爆破压力的90%
反拱开缝型 YF		爆破片由两层或两层以上组成，且其中一层为密封膜，并至少有一层为带有孔（缝）的反拱形爆破片，适用于气液及气相介质、爆破压力较低的场合；爆破时无火花产生；允许工作压力可达爆破压力的90%

爆破片装置可对急剧升高的压力迅速做出反应，具有结构简单、泄放面积大、动作灵敏、精度高、密封性能好、耐腐蚀、不易堵塞以及不易受介质中黏性污物的影响等优点，广泛应用于化工、石油、轻工、冶金、核电、除尘、消防、航空等工业部门。但它是通过膜片的断裂来泄压的，所以爆破泄压后不能继续使用，容器也被迫停止运行。因此它只在不宜装设安全阀的压力容器上使用。

爆破片装置适用于以下这些场合。

1）工作介质具有黏性或易于结晶、聚合，容易将安全阀的阀瓣与阀座粘住或堵塞的压力容器。

2）由于化学反应或其他原因，压力容器内的压力瞬间升高，用安全阀不能及时泄放压力。

3）工作介质为剧毒气体或贵重气体，用安全阀易于泄漏而造成环境污染或浪费的压力容器。

4）要求全量泄放或全量泄放时要求毫无阻滞的情形，特别适用于由于物料化学反应产生或增大压力的反应釜、聚合釜等压力容器。

5）其他不适用于安全阀安装而适用爆破片装置的场合。

爆破片装置不适用于以下场合。

1）压力容器介质工作压力或工作温度波动过大且频繁。

2）反拱形爆破片不适用于高黏度或可能在拱面产生结晶介质的场合。

爆破片的规格型号如图 2-22 所示，各部分含义见表 2-9～表 2-11。

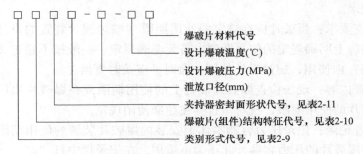

图 2-22 爆破片的规格型号组成及各部分含义

表 2-9 爆破片类别形式代号

类别形式	代号	类别形式	代号
平板开缝	PF	平板石墨	PM
平板刻槽	PC	平板石棉	PS
普通正拱	LP	反拱带刀	YD
正拱开缝	LF	反拱鳄齿	YE
正拱带槽	LC	反拱带槽	YC

表 2-10 爆破片（组件）结构特征代号

结构特征	代号
带托架	T
带加强环	H
"十"槽	S
带刀架	D
带鳄齿	E

表 2-11 夹持器密封面形状代号

密封面形状	代号
平面	A
锥面	B
榫槽面	C

例如：LFTA100-1.6-120 为正拱开缝型爆破片，爆破片公称通径为100mm，设计爆破压力为1.6MPa，设计爆破温度为120℃，带有托架，夹持器密封面为平面。

（1）爆破片使用期限

1）检查项目：爆破片是否超过规定使用期限。

2）检查方法：目视检查现场实物及爆破片（膜）铭牌、核查爆破片出厂资料和安装记录。

3）检查要求：爆破片应在规定的使用期限（按爆破片装置的设计文件、出厂资料或铭牌上明确规定的使用期限，若无明确规定，一般按不超过2年时间确定使用期限）内使用，超过设计使用寿命时，应及时更换。

4）检查内容：现场检查爆破片装置上的使用期限或在爆破片出厂资料中查找所装爆破片的使用期限，核对是否存在超期使用现象。

5）检查记录：记录压力容器本体上安装的爆破片装置的使用期限；对于本体上未安装爆破片的压力容器，此项为不适用，在记录栏中打"/"。

6）结果判定：在爆破片使用期限内使用，该项目检查结论为"符合要求"；否则，该项目检查结论为"不符合要求"。

 相关知识

爆破片是压力和温度的敏感元件，由金属（主要为不锈钢、纯镍、哈氏合金、蒙乃尔合金、因科镍合金、钛、钽、锆等）、非金属材料（主要有石墨、氟塑料、有机玻璃等）和复合材料等制成，其形状有平板形、碟形或帽形等。随着使用时间的推移，使用环境、疲劳等因素的影响，爆破片标定的爆破压力在超过设计使用寿命后会发生变化，使爆破片装置失效。常见爆破片材料的最高使用温度见表2-12。

表 2-12　常见爆破片材料的最高使用温度

爆破片材料	最高使用温度/℃		
	无保护膜	有保护膜	
		聚四氟乙烯	氟化乙丙烯
铝	100	100	100
银	120	120	120
铜	200	200	200
镍	400	260	200
钛	350	—	—
不锈钢	400	260	200
蒙乃尔	430	260	200
因科镍	480	260	200

爆破片装置应定期更换，对超过最大设计爆破压力而未爆破的爆破片应立即更换；对于在腐蚀性、毒性介质及在苛刻条件下使用的爆破片装置应每年更换；一般爆破片装置应在2~3年内更换。更换期限由使用单位根据本单位的实际情况确定。

（2）爆破片安装方向及爆破压力和温度

1）检查项目：爆破片的安装方向是否正确，产品铭牌上的爆破压力和温度是否符合运行要求。

2）检查方法：目视检查、核对现场实物。

3）检查要求：爆破片安装方向与所装位置介质流向应一致，产品铭牌上的爆破压力和温度等参数应与压力容器实际运行工艺参数符合。

4）检查内容：现场检查爆破片安装方向与所装位置介质流向是否一致；爆破片产品铭牌上的爆破压力和温度等参数是否与压力容器实际运行工艺一致。

5）检查记录：现场检查记录爆破片方向及爆破压力和温度数据。对于本体上未安装爆破片的压力容器，此项为不适用，在记录栏中打"/"。

6）结果判定：爆破片方向及爆破压力和温度数据等与压力容器不一致时，该项目检查结论为"不符合要求"；否则，该项目检查结论为"符合要求"。

相关知识

爆破片的种类较多，有正拱形爆破片、反拱形爆破片和平板形爆破片等，每种爆破片的安装方向都不一样。

爆破片正反面的区分方法如下。

1）型号首字母为L就是正拱形爆破片，有LP（正拱普通型）、LF（正拱开缝型）、LC（正拱带槽型）。正拱形爆破片的正反面区分是凹面与介质接触，凸面为泄放侧。爆破片的铭牌上箭头指示方向为泄放侧。

2）型号首字母为Y就是反拱形爆破片，有YE（反拱鳄齿型）、YD（反拱带刀型）、YC（反拱带槽型）、YF（反拱开缝型）。反拱形爆破片的正反面区分是凸面与介质接触，凹面为泄放侧。爆破片的铭牌上箭头指示方向为泄放侧。

3）型号首字母为P就是平板形爆破片，有PP（平板普通型）、PF（平板开缝型）、PC（平板带槽型）。平板形爆破片的正反面区分一般是根据爆破片上的铭牌或标识进行，铭牌上箭头指示方向为泄放侧，或标识为"泄放侧"。

一般在爆破片铭牌和夹持器铭牌上均标有"泄压方向"，在年度检查时，应根据所安装的爆破片装置的类型，检查爆破片的安装方向是否正确。

爆破片装置安装方向不正确时，应立即更换。

产品铭牌上标示的爆破压力和爆破温度（图2-23）是该爆破片的重要工艺参数，在年度检查时，要注意检查这两个工艺参数是否与压力容器工艺相配。

正拱开缝型爆破片（图2-24）是在正拱普通型的拱型膜片上加工了几条

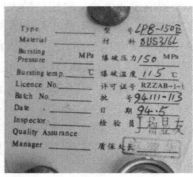

图 2-23　爆破片铭牌及内容

（通常为 6 条）辐射状的开缝，为了防止介质漏过开缝，在受压侧（凹面侧）设置一个密封膜。这种形式的爆破片的爆破压力取决于拱形顶部开缝端点两孔孔桥的强度，而不应受密封膜强度的影响。当所受压力达到其爆破压力时，孔桥断开，随即整个膜片沿开缝掀开，形状如花瓣。

图 2-24　正拱开缝型爆破片

　　反拱带槽型爆破片（图 2-25）是在正拱普通型拱形膜片的凹面侧沿直径加工几条（通常为 2 条）减弱槽，安装时使凸面受压。当所受压力达到其爆破压力时，有减弱槽的拱形膜片首先失稳反转，随即沿减弱槽被规则地撕开。

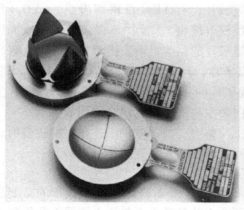

图 2-25　反拱带槽型爆破片

（3）爆破片装置渗漏检查

1）检查项目：爆破片装置有无渗漏。

2）检查方法：目视检查现场实物和各连接部位。

3）检查要求：爆破片装置本体及其与压力容器、排放管等连接部位应无渗漏或渗漏痕迹。

4）检查内容：检查爆破片装置及其与压力容器、排放管连接处是否有渗漏现象。

5）检查记录：记录现场实物检查情况。对于本体上未安装爆破片的压力容器，此项为不适用，在记录栏中打"／"。

6）结果判定：爆破片装置及其与压力容器、排放管连接处无渗漏，该项目检查结论为"符合要求"；否则，该项目检查结论为"不符合要求"。

相关知识

安装爆破片装置的压力容器一般盛装易燃易爆物质或剧毒气体，要求密封可靠，保证绝对不能有泄漏。同时，安装爆破片装置的压力容器大多处在腐蚀性环境中，给泄漏创造了条件。在年度检查时，应着重检查爆破片装置及其与压力容器连接部位是否有泄漏。

爆破片外表面有损伤和腐蚀情况，有明显变形、异物黏附以及泄漏等现象时，应立即更换。

（4）爆破片超压爆破情况

1）检查项目：爆破片在使用过程中是否存在未超压爆破或超压未爆破的情况。

2）检查方法：目视检查现场实物，检查压力容器运行记录资料。

3）检查要求：爆破片在使用过程中应能正常工作，不能出现超压未爆破现象或未超压就爆破现象。

4）检查内容：检查爆破片外观是否完好，核查是否出现过超压运行情况以及压力容器工作温度超过爆破片装置材料允许的使用温度范围。

5）检查记录：爆破片装置完好，未出现超压运行时记录为"爆破片完好，未超压运行"；爆破片装置失效，未出现超压运行时记录为"爆破片未超压爆破"；爆破片装置完好，出现超压运行时记录为"爆破片超压未爆破"。对于本体上未安装爆破片的压力容器，此项为不适用，在记录栏中打"／"。

6）结果判定：爆破片装置完好，未出现超压运行时，该项目检查结论为"符合要求"；爆破片装置失效，未出现超压运行或有超压运行时，该项目检查结论为"不符合要求"。

📖 相关知识

　　爆破片是非常敏感的压力容器安全泄放装置，未超压爆破和超压未爆破等均属于不正常的现象，说明该爆破片已失效。年度检查时发现爆破片在压力容器运行中出现超过最小爆破压力而未爆破的情况，或出现工作温度超过爆破片装置材料允许使用温度范围时，应立即更换。

　　（5）爆破片放空管及防水帽（片）

　　1）检查项目：与爆破片夹持器相连的放空管是否通畅，放空管内是否存水（或者冰），防水帽、防雨片是否完好。

　　2）检查方法：目视检查现场实物。

　　3）检查要求：与爆破片夹持器相连的放空管应通畅无阻滞，放空管内无存水（或者冰），防水帽、防雨片应完好。

　　4）检查内容：检查爆破片装置放空管是否有缩径，是否安装有阀门（常闭状态）；放空管有无可能积水的结构；防水帽、防雨片是否完好，能否自由活动。

　　5）检查记录：现场真实记录检查爆破片装置放空管以及防水帽、防雨片的情况。对于本体上未安装爆破片的压力容器或爆破片装置上未安装放空管的，此项为不适用，在记录栏中打"／"。

　　6）结果判定：放空管通畅无阻滞，放空管内无存水（或者冰），防水帽和防雨片完好时，该项目检查结论为"符合要求"；放空管有可能积水的结构及放空管内有存水（或冰），或防水帽、防雨片有问题时，该项目检查结论为"不符合要求"。

📖 相关知识

　　放空管是爆破片装置爆破时介质快速泄放的通道，应保持畅通无卡阻，否则会造成严重后果。放空管应为一条内径相同或向出口方向变大的管道，不能有缩径，也不能安装阀门；同时对于有凝液工况的压力容器，其爆破片装置出口处应不低于放空管出口高度，否则会出现存水（或冰）现象。

　　防水帽（图 2-26）和防雨片应安装成可活动结构，当爆破片装置爆破时，防水帽和防雨片会随着冲出来的介质脱离放空管出口，不影响泄放介质的继续流出。如果防水帽和防雨片固定安装在放空管出口处，或防水帽和防雨片出现变形等不能自由活动时，会阻滞泄放介质的流出。

　　（6）爆破片和压力容器间装设的截止阀

　　1）检查项目：爆破片和压力容器之间装设的截止阀是否处于全开状态，铅封是否完好。

　　2）检查方法：目视检查现场实物，必要时手动检查。

3）检查要求：在爆破片与压力容器之间安装了截止阀的压力容器，应确保截止阀处于全开状态并用铅封或挂锁固定其全开状态。

4）检查内容：现场查看爆破片与压力容器间的截止阀是否处于全开状态，截止阀悬挂的标志牌上标示的状态是否为"开"；截止阀是否有铅封或挂锁。必要时或有怀疑时可手动检查截止阀的开闭状态。

5）检查记录：记录现场检查时截止阀的情况和铅封/挂锁情况。对于本体上未安装爆破片的压力容器或在爆破片与压力容器之间

图2-26 防水帽

未安装截止阀的压力容器，此项为不适用，在记录栏中打"/"。

6）结果判定：现场检查时截止阀处于全开状态，铅封或挂锁完好，该项目检查结论为"符合要求"；如截止阀为关闭状态或半关闭状态且未铅封或挂锁时，该项目检查结论为"不符合要求"。

📖 相关知识

对爆破片与压力容器之间安装的截止阀，要求与安全阀下安装的截止阀相同，参见前述相关知识内容。

（7）爆破片安装在安全阀的进口侧

1）检查项目：爆破片和安全阀串联使用，如果爆破片装在安全阀的进口侧，检查爆破片和安全阀之间装设的压力表有无压力显示，打开截止阀检查有无气体排出。

2）检查方法：目视检查现场实物，进行动作试验。

3）检查要求：安装在安全阀进口侧的爆破片，其与安全阀之间装设的压力表应显示为零，打开截止阀时应无气体排出。

4）检查内容：检查爆破片与安全阀之间装设的压力表显示是否为零，打开安装在爆破片与安全阀之间的截止阀时有无气体排出。

5）检查记录：爆破片与安全阀之间安装的压力表显示为零，打开截止阀时无气体排出，记录为"压力表无显示、打开截止阀无气体排出"；有其他情况时记录发现的问题。对于本体上未安装安全阀爆破片组合装置的压力容器，此项为不适用，在记录栏中打"/"。

6）结果判定：记录为"压力表无显示、打开截止阀无气体排出"，该项目检查结论为"符合要求"；有其他情况时，该项目检查结论为"不符合要求"。

📖 **相关知识**

应当检查爆破片和安全阀之间装设的压力表有无压力显示，打开截止阀检查有无气体排出（如果有气体，会使爆破片受背压，影响动作）。串联使用的爆破片和安全阀如图 2-27 所示。

（8）爆破片安装在安全阀的出口侧

1）检查项目：爆破片和安全阀串联使用，如果爆破片装在安全阀的出口侧，检查爆破片和安全阀之间装设的压力表有无压力显示，如果有压力显示应打开截止阀，检查能否顺利疏水、排气。

2）检查方法：目视检查现场实物，进行动作试验。

3）检查要求：安装在安全阀出口侧的爆破片，其与安全阀之间装设的压力表应显示为零，如果有压力显示应打开截止阀，检查能否顺利疏水、排气。

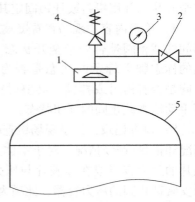

图 2-27　串联使用的爆破片和安全阀
（爆破片装在安全阀的进口侧）
1—爆破片　2—截止阀　3—压力表
4—安全阀　5—压力容器

4）检查内容：检查爆破片与安全阀之间装设的压力表显示是否为零，如果压力表显示不为零，应打开安装在爆破片与安全阀之间的截止阀，检查能否顺利疏水和排气。

5）检查记录：检查爆破片与安全阀之间安装的压力表显示为零，或压力表有压力显示时打开截止阀时出口有液体（水）或气体排出，记录为"压力表无显示"或"压力表有显示，打开截止阀有液体（水）或气体排出"；有其他情况时记录发现的问题。对于本体上未安装安全阀爆破片组合装置的压力容器，此项为不适用，在记录栏中打"／"。

6）结果判定：记录为"压力表无显示"或"压力表有显示，打开截止阀有液体（水）或气体排出"，该项目检查结论为"符合要求"；有其他情况时，该项目检查结论为"不符合要求"。

📖 **相关知识**

爆破片和安全阀串联使用，如果爆破片装在安全阀的出口侧，应当检查爆破片和安全阀之间装设的压力表有无压力显示，如果有压力显示应当打开截止阀，检查能否顺利疏水、排气（如果安全阀受背压影响，选用先导式或波纹管式安全阀）。串联使用的爆破片和安全阀如图 2-28 所示。

3. 快开门式压力容器的安全联锁装置

（1）检查项目 检查快开门式压力容器的安全联锁装置是否完好，功能是否符合要求。

（2）检查方法

1）宏观检查：重点检查安全联锁装置与容器本体焊缝外观质量，如有无裂纹、咬边、焊缝余高等；检查安全联锁装置各机构元件及控制线路是否齐全、完整有效。

2）联锁功能检查：模拟工况进行安全联锁功能动作试验，必要时进行生产工况试验。在压力容器的内部有压力时确认能否正常打开快开门；快开门打开或半打开状态时，打开阀门，确认升压介质能否进入压力容器内部。动作试验时注意安全防护。

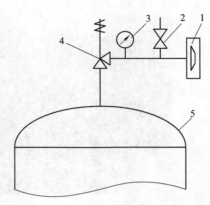

图2-28 串联使用的爆破片和安全阀
（爆破片装在安全阀的出口侧）
1—爆破片 2—截止阀 3—压力表
4—安全阀 5—压力容器

（3）检查要求 快开门式压力容器的安全联锁装置应完好、无缺件和变形，动作无卡阻，安全联锁功能应符合要求。

（4）检查内容

1）安全联锁装置是否完好，有无缺件，动作是否灵活。

2）安全联锁装置功能是否符合如下要求：

①当快开门到达预定关闭位置，方能升压运行。

②当压力容器内部压力完全释放，方能打开快开门。

（5）检查记录 分别记录现场宏观检查时的情况和安全联锁功能试验的结果。对于非快开门式压力容器，此项为不适用，在记录栏中打"/"。

（6）结果判定 宏观检查和功能试验均符合要求时，该项目检查结论为"符合要求"；有一项不符合，该项目检查结论为"不符合要求"。

📖 **相关知识**

快开门式压力容器（图2-29）广泛运用于建材、纺织、食品等领域。然而随着快开门式压力容器的大量使用，由于管理或使用不当等原因引发了多起爆炸事件，造成了大量人员伤亡和财产损失。

快开门式压力容器是指进出压力容器通道的端盖或者封头与主体间带有相互嵌套的快速密封锁紧装置的压力容器，即带活动门（快速开关盖装置）且需要经常启闭的中、低压压力容器。快开门是压力容器活动门的统称，采用电动（D）、气动（Q）、液动（Y）及手动的启闭方法。小型的快开门式压力容器有消

图 2-29　常见快开门式压力容器

毒柜、灭菌锅、硫化罐、杀菌釜，大型的有蒸压釜、高压氧舱、染色机、医用氧舱等。为了增强和确保安全，根据压力容器相关安全技术规范，快开门式压力容器必须设置安全联锁装置。

最常见的快开门式压力容器的结构形式为齿啮式、卡箍式、压紧式、移动式和剖分环式。快开门式压力容器安全联锁装置如图 2-30 所示。

根据近年来相关特种设备安全事故分析统计，快开门式压力容器的主要安全隐患有：①安全连锁装置失效（因电磁阀失效，联锁装置拆除等导致）；②使用单位自行对快开门任意修理、改造（焊接），导致快开门变形；③安全附件和仪表（压力表、安全阀）未定期校验（检定），缺少维护保养等导致的安全附件失效。

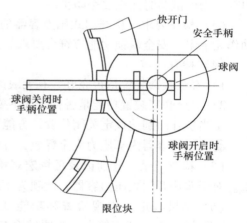

图 2-30　快开门式压力容器安全联锁装置

通过日常检查和定期检验确认安全联锁装置的安全性和可靠性，能有效预防和减少因快开门式压力容器安全联锁装置失效而可能引起的事故。

4. 压力表检查

压力表是指以弹性元件为敏感元件，测量并指示高于环境压力的仪表，应用几乎遍及所有的工业流程和科研领域。常见的有弹性元件式压力表——单弹簧管压力表，此外还有液柱式、活塞式和电量式等压力表。

压力表通过表内的敏感元件（波登管、膜盒、波纹管）的弹性形变，再由表内机芯的转换机构将压力形变传导至指针，引起指针转动来显示压力。

压力表的量程应与设备工作压力相适应，通常为工作压力的 1.5~3 倍。压力表标度盘上应该划工作红线，指出最高允许工作压力。当压力容器内的工作压力超过正常工作压力时，压力表的指针会越过该工作红线，提醒压力容器作业人员注意及时采取正确措施降压。

压力表的连接管不应有漏水、漏气现象，否则会降低压力表指示值。压力表一般每半年检定一次，检定后的压力表应加铅封，并注明下次检定日期或检定有效期。在容器运行期间，如果发现压力表指示失灵，刻度不清，表盘玻璃破裂，泄压后指针不回零位，铅封损坏等情况，应立即更换或重新检定。

压力表按测量介质特性不同可分为以下几类。

1）一般压力表：用于测量无爆炸、不结晶、不凝固、对铜和铜合金无腐蚀作用的液体、气体或蒸汽的压力。

2）耐腐蚀型压力表：用于测量腐蚀性介质的压力，常用的有不锈钢型压力表、隔膜式压力表等。

3）防爆型压力表：用在环境有爆炸性混合物的危险场所，如防爆电接点压力表、防爆变送器等。

4）专用型压力表：如氨压力表、氧气压力表、电接点压力表、远传压力表、耐振压力表、带检验指针压力表、双针双管或双针单管压力表、数显压力表、数字精密压力表等。

（1）压力表的选型

1）检查项目：压力表的选型是否符合要求。

2）检查方法：目视检查现场实物、核对资料。

3）检查要求：

① 选用的压力表应当与压力容器内的介质相适应，如氧气介质须选用氧气专用压力表（压力表表盘上有"氧气压力表"或"氧气表"等字样），乙炔介质应选用乙炔专用压力表（压力表表盘上有"乙炔表"字样）。

② 安装位置应当便于操作人员观察和清洗，并且应当避免受到辐射热、冻结或者振动等不利影响。

③ 用于蒸汽介质的压力表，在压力表与压力容器之间应当装有存水弯管。

④ 用于具有腐蚀性或者高黏度介质的压力表，在压力表与压力容器之间应当安装能隔离介质的缓冲装置。

4）检查内容：检查压力表的结构、规格、材质、量程、精度、防爆性等是否与压力容器盛装的介质特性相适应。

5）检查记录：记录现场检查时压力表的结构、规格、材质、量程、精度、防爆性等内容。对于本体上未安装压力表的压力容器，此项为不适用，在记录栏中打"/"。

6）结果判定：检查压力表的结构、规格、材质、量程、精度、防爆性等全部符合要求时，该项目检查结论为"符合要求"；当有其中一项不符合时，该项目检查结论为"不符合要求"，在备注栏中注明不符合的内容。

📖 **相关知识**

根据压力容器工艺要求正确地选用压力表类型是保证仪表正常工作及压力容器安全运行的重要前提。选用压力表时，应考虑压力表是否满足工艺生产的要求（如是否需要远传、自动记录或报警）、被测介质的性质（如被测介质的温度高低、黏度大小、腐蚀性、脏污程度、是否易燃易爆、是否禁油等）是否对仪表提出特殊要求、现场环境条件（如湿度、温度、磁场强度、振动）等。

例如：普通压力表的弹簧管多采用铜合金（高压的采用合金钢）；而氨压力表弹簧管的材料却都采用碳钢（或者不锈钢），不允许采用铜合金（氨与铜产生化学反应会爆炸，所以普通压力表不能用于氨介质的压力测量）；氧气、液氧用压力表必须禁油（油脂进入氧气系统易引起爆炸），所用氧气压力表在检定时，不能像普通压力表那样采用油作为检定介质，并且氧气压力表在存放时要严格避免接触油污。

经过一段时间的使用与受压，压力表机芯会出现变形、磨损、指针不回零，压力表就会产生误差和故障。为了保证其原有的准确度而不使量值传递失真，应定期进行清洗、计量检定，检定不合格应及时更换，以确保指示正确、安全可靠。

（2）压力表的定期检修维护

1）检查项目：压力表的定期检修维护、检定有效期及其标签和铅封是否符合规定。

2）检查方法：目视检查现场实物、检查记录。

3）检查要求：压力表应定期进行检修维护，确保压力表完好（表盘封面玻璃无破裂）、无缺件（压力表指针、回零针）、压力显示清晰、准确等；压力表在检定有效期内；压力表工作压力红线和计量检定铅封完好。

4）检查内容：检查压力表的外观，是否有锈蚀、玻璃破损、模糊不清等现象；检查"压力容器日常维护保养记录"（见附录 C）中压力表检修维护记录；查看压力表计量检定日期，是否在有效期内使用；检查压力表计量检定铅封是否完好。

5）检查记录：记录现场检查压力表的外观、检定有效期和铅封完好情况。对于本体上未安装压力表的压力容器，此项为不适用，在记录栏中打"/"。

6）结果判定：有一项不符合，该项目检查结论为"不符合要求"。

相关知识

压力表的检定和维护应当符合国家计量部门的规定，新配置的压力表安装前应当进行检定，在标度盘上应当划出指示工作压力的红线，注明下次检定日期。压力表检定后应当加铅封。

依据《实施强制管理的计量器具目录》（国家市场监管总局2020年第42号）规定，用于安全防护的以下指示类压力表和显示类压力表须强制检定。

1）电站锅炉主气包和给水压力的测量。

2）固定式空压机风仓及总管压力的测量。

3）发电机、汽轮机油压及机车压力的测量。

4）带报警装置压力的测量。

5）密封增压容器压力的测量。

6）有害、有毒、腐蚀性严重介质压力的测量。

（3）压力表外观、精确度等级和量程

1）检查项目：压力表外观、精确度等级、量程是否符合要求。

2）检查方法：目视检查现场实物。

3）检查要求：用于压力容器的压力表，表盘直径应不小于100mm；压力表精确度不小于2.5级（设计压力小于1.6MPa的压力容器）和1.6级（设计压力大于或等于1.6MPa的压力容器）；压力容器正常工作压力应在压力表量程的1/3~2/3。

4）检查内容：检查压力表外观是否完好；压力表精度等级是否与压力容器设计压力相匹配；压力容器工作压力是否在压力表量程的1/3~2/3。

5）检查记录：记录现场实物检查的压力表量程和精确度等级。对于本体上未安装压力表的压力容器，此项为不适用，在记录栏中打"/"。

6）结果判定：压力表外观、精确度等级和量程均满足要求时，该项目检查结论为"符合要求"，有一项不符合，该项目检查结论为"不符合要求"。

相关知识

为了保证弹性元件能在弹性变形的安全范围内可靠地工作，在选择压力表量程时，必须根据被测压力的大小和压力变化的快慢，留有足够的余地，因此压力表的上限值应该高于工艺生产中可能的最大压力值。在测量稳定压力时，最大工作压力不应超过测量上限值的2/3；在测量脉动压力时，最大工作压力不应超过测量上限值的1/2；在测量高压时，最大工作压力不应超过测量上限值的3/5；一般被测压力的最小值应不低于仪表测量上限值的1/3。从而保证仪表的输出量与输入量之间的线性关系。

压力表按其精确度等级不同，可分为精密压力表、一般压力表。其中精密压力表的测量精确度等级分别为 0.1 级、0.16 级、0.25 级、0.4 级；一般压力表的测量精确度等级分别为 1.0 级、1.6 级、2.5 级和 4.0 级。用于压力容器的压力表，当压力容器设计压力小于 1.6MPa 时，压力表精确度不小于 2.5 级；当压力容器设计压力大于等于 1.6MPa 时，压力表的精确度不小于 1.6 级。

（4）三通旋塞或者针形阀

1）检查项目：在压力表和压力容器之间装设三通旋塞或者针形阀时，其位置、开启标记及其锁紧装置是否符合规定。

2）检查方法：目视检查现场实物。

3）检查要求：在压力表和压力容器之间装设的三通旋塞或者针形阀位置、开启标记及其锁紧装置应符合规定，无泄漏或泄漏痕迹（图2-31），无缺件，开关灵活。

4）检查内容：三通旋塞或者针形阀开启标记是否清晰，锁紧装置是否完好。

5）检查记录：记录三通旋塞或者针形阀位置、开启标记及其锁紧装置检查情况。对于本体上未安装压力表的压力容器，此项为不适用，在记录栏中打"/"。

6）结果判定：三通旋塞或者针形阀位置、开启标记及其锁紧装置完好时，该项目检查结

图 2-31　压力表旋塞阀处泄漏

论为"符合要求"；有一项不符合，该项目检查结论为"不符合要求"。

📖 相关知识

压力表与压力容器之间应当装设三通旋塞或者针形阀（三通旋塞或者针形阀上应当有开启标记和锁紧装置），并且不得连接其他用途的任何配件或者接管。

（5）压力表的读数（压力显示）

1）检查项目：同一系统上各压力表的读数是否一致。

2）检查方法：目视对比检查现场实物。

3）检查要求：压力容器同一系统上各压力表的读数应一致，相互偏差在压力表的精确度范围内（如压力表精确度为 1.6 级，各压力表之间的压力显示偏差在 1.6% 之内）。

4）检查内容：检查压力容器同一系统上的所有压力表显示是否一致。

5）检查记录：记录现场检查时压力容器上所有系统压力表的读数。对于本体上不需要安装压力表的压力容器，此项为不适用，在记录栏中打"/"。

6）结果判定：当每个系统上各自压力表的显示都一致时（在压力表精确度

允许的误差范围之内），该项目检查结论为"符合要求"；有一个系统压力表显示不一致时，该项目检查结论为"不符合要求"。

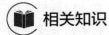 **相关知识**

压力容器同一个系统内，虽然安装的位置不同，安装的压力表也不一样，但它们测量的属于同一个通道，压力表的显示值应该一致，偏差在压力表精确度允许的误差范围之内。

如某压力容器系统上共安装了 3 块精确度等级为 1.6 级、量程为 0~1.0MPa 的压力表，如果 3 块压力表的显示偏差均在±0.016MPa[量程×(±精确度等级)%]误差范围内，则满足要求；如果有压力表显示偏差超出这个范围，则为不满足要求。

5. 液位计检查

液位计（图 2-32）是用来测量容器内液面变化情况的一种计量仪表。根据

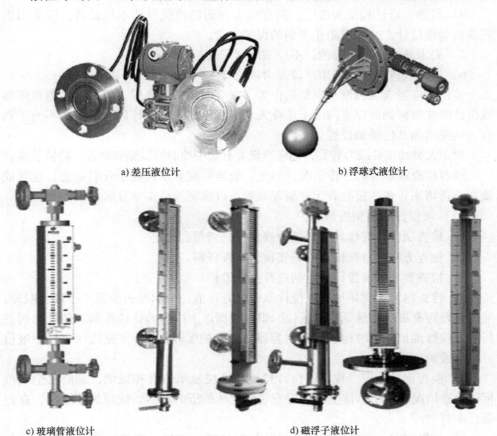

a) 差压液位计　　　　　　　　　b) 浮球式液位计

c) 玻璃管液位计　　　　　　d) 磁浮子液位计

图 2-32　常见的液位计

结构等的不同，液位计主要有玻璃板液位计、玻璃管液位计、差压液位计、浮球式液位计、钢带液位计、浮筒液位计、磁性翻板液位计、超声波液位计、磁浮子液位计、雷达液位计、电容液位计、激光液位计和 γ 射线液位计等，用得最多的是差压液位计和浮筒液位计。操作人员可以根据其指示的液面高低来调节或控制介质流量，从而保证容器内介质的液面始终在正常且安全的范围内。

液位计选用原则如下。

1）压力容器用液位计应根据压力容器盛装的介质、最大允许工作压力和温度等正确选用。工作压力在 0.6MPa 以下，介质为非易燃和无危害的，宜选用玻璃管液位计；对承压较高、工作温度较高、中度以上毒性或易燃介质，宜选用玻璃板液位计。

2）盛装 0℃ 以下介质的压力容器，应选用防霜液位计。

3）寒冷地区室外使用的液位计，应选用夹套型或保温结构的液位计。

4）易燃，毒性程度为极度、高度危害介质的液化气体承压设备，应采用板式或自动液位计，并应有防止泄漏的保护装置。

5）要求液位指示平稳的，不应采用浮子（标）液位计。

6）液化气体储罐，选用浮球磁力液位计。

液位计应当安装在便于观察的位置，并有照明防爆装置，或通过监控视频将液位计图像传输到监控室内便于作业人员观察。如果液位计的安装位置不便于观察，则应增加其他辅助设施。

对于大型和重要压力容器，还应当设置有集中控制的设施和警报、联锁装置。

经常检查液位计的工作情况，如气、液连管旋塞是否处于开启状态，连管或旋塞是否堵塞，各连接处有无渗漏现象等，以保证液位正常显示。

（1）液位计的定期检修维护

1）检查项目：液位计的定期检修维护是否符合规定。

2）检查方法：目视检查现场实物、核查资料。

3）检查要求：液位计应定期进行检修维护。

4）检查内容：现场检查液位计是否完好；液位显示是否清晰、准确、明显；液位计是否有最高和最低安全液位标识。根据以上内容确认或推断液位计是否进行定期检修维护，同时检查"压力容器日常维护保养记录"（见附录 C）中液位计检修维护记录。

5）检查记录：记录现场液位计检查、液位显示检查和最低、最高安全液位标识检查情况。对于本体上不需要安装液位计的压力容器，此项为不适用，在记录栏中打"/"。

6）结果判定：液位计完好，液位显示清晰、准确、明显，液化气体介质的液位计有最高液位标识，"压力容器日常维护保养记录"填写完整时，该项目检查结论为"符合要求";液位计检查、液位显示检查和最高液位标识检查有一项不符合时,该项目检查结论为"不符合要求"。

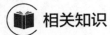 **相关知识**

液位计使用一段时间后,会因各种原因出现锈蚀、泄漏、液位指示模糊、最低或最高液位标识掉落等问题,此时必须定期进行检修维护,才能使液位计始终处于完好状态。

如液化石油气储罐上安装的磁翻板液位计通常会出现液位显示不连续,应定期对液位计中的磁翻板进行磁化才能使液位计正常显示。

液位计的最高和最低安全液位应做出明显的标记。应在标度表盘上用红色漆画出最高、最低液面的警戒线。液位计玻璃板(管)的最低可见边缘应比最低安全液位低 25mm,最高可见边缘应比最高安全液位至少高 25mm。

要求进行冲洗的液位计要定期冲洗,不能在运行时冲洗的液位计要在停车时进行维护保养。对有气(汽)、液(水)旋塞及排污旋塞的液位计要坚持维护保养,以保持其灵敏可靠。对液位计实行定期检修制度,使用单位可根据运行实际情况在管理制度中加以具体规定,但检修周期不应超过压力容器内外部检验周期。

年度检查发现以下情况时,液位计应停止使用:

1)玻璃管(板)有裂纹或破碎。

2)阀件固死,不能活动。

3)出现假液位且不能消除。

4)液位计指示模糊不清。

(2)液位计外观及其附件

1)检查项目:液位计外观及其附件是否符合规定。

2)检查方法:目视检查现场实物。

3)检查要求:液位计外观及其附件应完好,无缺件、锈蚀、泄漏等现象。

4)检查内容:现场检查液位计外观及其附件是否完好,是否有影响安全的严重腐蚀,是否有泄漏等现象。

5)检查记录:记录液位计外观检查情况。对于本体上不需要安装液位计的压力容器,此项为不适用,在记录栏中打"/"。

6)结果判定:现场检查液位计无缺件、锈蚀、泄漏等现象,该项目检查结论为"符合要求";有问题时,该项目检查结论为"不符合要求"。

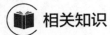 **相关知识**

液位计外观完好是液位计正常准确显示液位和安全使用的前提,因此在年度检查时,须确认液位计的完好程度,检查是否有缺件、锈蚀、泄漏等现象。

（3）液位计选型

1）检查项目：寒冷地区室外使用或者盛装0℃以下介质的液位计选型是否符合规定。

2）检查方法：检查现场实物、宏观检查。

3）检查要求：寒冷地区室外使用的液位计，应选用夹套型或保温型结构的液位计；盛装0℃以下介质的液位计应选用防霜液位计。

4）检查内容：在寒冷地区室外使用的液位计是否为夹套型或保温型结构的液位计，盛装0℃以下介质的液位计是否为防霜液位计。

5）检查记录：现场记录检查的液位计形式。对于本体上不需要安装液位计的压力容器，或液位计为非寒冷地区室外使用，或为盛装非0℃以下介质的液位计，此项为不适用，在记录栏中打"/"。

6）结果判定：寒冷地区室外使用的液位计为夹套型或保温型结构的液位计，盛装0℃以下介质的液位计为防霜液位计，此项目检查结论为"符合要求"；否则，该项目检查结论为"不符合要求"。

相关知识

盛装设计温度在0℃以下介质的压力容器上，应选用防霜液位计。

寒冷地区室外使用的液位计，应选用夹套型或保温型结构的液位计。

（4）易爆、极度或者高度危害液化气体的液位计

1）检查项目：介质为易爆、毒性危害程度为极度或者高度危害的液化气体时，液位计的防止泄漏保护装置是否符合规定。

2）检查方法：检查现场实物、宏观检查。

3）检查要求：当压力容器盛装介质为易爆、极度或者高度危害的液化气体时，液位计应有防止泄漏保护装置。

4）检查内容：易爆和极度或者高度危害的液化气体压力容器液位计是否有防止泄漏保护装置。

5）检查记录：记录易爆和极度或者高度危害的液化气体压力容器的液位计型号规格。对于本体上不需要安装液位计的压力容器，或介质为非易爆、毒性程度为中度以下的压力容器，此项为不适用，在记录栏中打"/"。

6）结果判定：易爆和极度或者高度危害的液化气体压力容器液位计有防止泄漏保护装置时，该项目检查结论为"符合要求"；未安装防止泄漏保护装置时，该项目检查结论为"不符合要求"。

相关知识

易爆和极度或者高度危害的液化气体泄漏时，会发生严重的后果，因此对于

盛装易爆介质、极度或者高度危害介质的压力容器应采用磁性液位计或自动液位计，并应有防止泄漏的保护装置。如安装在液化石油气储罐上的磁性翻板液位计，采用了液位显示装置与介质相隔离结构，就是一种防止泄漏的结构形式。对大型储罐还应装设安全可靠的液面指示器。

6. 测温仪表检查

需要控制壁温的压力容器应当装设测试壁温的测温仪表（或者温度计）。

测温仪表就是测量和显示温度的仪表。根据是否与介质接触，测温仪表可分为接触式和非接触式两种。其中接触式测温仪表有工业玻璃温度计、双金属温度计、压力式温度计、热电偶温度计和热电阻温度计等；非接触式测温仪表主要有光学高温计和辐射测温仪等。目前固定式压力容器上主要使用的是接触式测温仪表。工业玻璃温度计、双金属温度计、压力式温度计一般用于就地指示。热电偶温度计、热电阻温度计、辐射测温仪用于在线及远传测量温度。测量微小物体和运动物体的温度或测量因高温、振动、冲击等原因而不能安装测温元件的物体的温度，应采用光学高温计、辐射测温仪等辐射型温度计。

工业玻璃温度计具有结构简单、使用方便、测量准确、价格便宜等优点，但强度差、容易损坏，且易造成汞危害，通常用于指示精度较高，没有振动的场合，可用于温度报警和位式控制，在固定式压力容器上的使用较少。

双金属温度计是一种广泛使用的就地显示温度计，具有体积小、结构简单、使用维护方便、刻度清晰、机械强度高等优点，但测量误差较大、测量精度低，适用于指示清晰，有振动的场合，也可用于报警和位式控制。在满足测量范围、工作压力、精度要求的前提下，应优先选用双金属温度计。

压力式温度计有充气式、充液体式和充蒸气式三种，是最早应用于生产过程温度测量的方法之一。其优点是结构简单、机械强度高、抗振动、价格低、不需要外部能源等，可以实现温度指示、记录、调节、远传和报警等，刻度清晰；缺点是测量温度范围有限制（-80~400℃），热惯性大，响应慢，仪表密封系统（温包、毛细管、弹簧管）损坏后难于修理，测量精度受环境温度影响较大，测量误差较大。它一般用于就地集中测量或要求记录的场合。

热敏电阻温度计具有体积小、灵敏度高、惯性小、结实耐用等优点，但是热敏电阻的特性差异很大，可用于间断测量固体表面温度的场合。

热电偶和热电阻温度计具有测量精度高、结构简单、使用方便等特点，可以进行远距离的指示、记录、报警和自动控制，应根据工艺条件和测温范围正确选择热电偶、热电阻的适当类型、惯性时间、工作压力、结构形式、连接方法、补偿导线、保护套管的插入深度等。若用于特殊测量场合，可以选用特殊热电偶和特殊热电阻。

辐射型温度计采用热电堆或光敏元件、热敏元件以及光电池等作为检测元件，响应速度最高，不需要与测量目标接触，适合高温测量。常用来测量移动或转动物体的温度或不能安装热电偶等测量场合中的温度。测温时须考虑现场环境条件，如受水蒸气、烟雾、一氧化碳、二氧化碳等影响，应采取相应措施，克服干扰。

光学高温计具有测温范围广、使用携带方便等优点，常用在金属冶炼、玻璃熔融、热处理等工艺过程中，实现非接触式温度测量。但是只能目测，不能自动记录或控制温度。辐射测温仪具有性能稳定、使用方便等优点，与显示仪表配套使用能连续指示、记录和控制温度，但测出的物体温度和真实温度相差较大，使用时应进行修正。将其与瞄准管配套测量时，可测得真实温度。

温度仪表在压力容器上的安装方式有两种：①螺纹连接头固定，适用于在无腐蚀性介质的管道上安装的测温元件，具有体积小、安装较为紧凑的优点；②法兰固定，适用于在设备上安装的测温元件，在高温、强腐蚀性介质、结焦淤浆介质、剧毒介质、粉状介质以及测触媒层多点温度时，也应采用法兰固定方式，以方便维护。

在安装测温仪表时应注意，测温点的设置应能满足工艺控制的需要，且测得的温度须具有代表性。例如：需要控制壁温的容器，应将感温元件紧贴容器的外壁或内壁；盛装液化气体的容器，感温元件应置于容器内的液相部分，以测量液相的温度。

（1）测温仪表的定期校验和检修

1）检查项目：测温仪表的定期校验和检修是否符合规定。

2）检查方法：目视检查现场实物、检查记录。

3）检查要求：需要控制壁温的压力容器应装设测温仪表；压力容器上安装的测温仪表应定期进行校准或检定，应定期进行检修。

4）检查内容：检查测温仪表是否定期进行了校准或计量检定；检查"压力容器日常维护保养记录"（见附录 C）中测温仪表检修维护记录。

5）检查记录：记录所检查测温仪表的校准标记或校准证书，记录维护保养情况。对于本体上不需要安装测温仪表的压力容器，此项为不适用，在记录栏中打"/"。

6）结果判定：测温仪表进行了校准，在规定的校准有效期内使用，有定期检修维护记录，该项目检查结论为"符合要求"；否则，该项目检查结论为"不符合要求"。

📖 相关知识

测温仪表不在《实施强制管理的计量器具目录》（国家市场监管总局 2020年第 42 号公告）中，因此只需要定期校准。

（2）测温仪表的量程

1）检查项目：测温仪表的量程与其检测的温度范围是否匹配。

2）检查方法：目视检查现场实物。

3）检查要求：测温仪表的量程与其检测的温度范围应匹配，其检测的温度范围应为测温仪表量程的 $1/3 \sim 2/3$。

4）检查内容：核查压力容器上安装的测温仪表显示的温度范围（介质的工作温度），是否为测温仪表量程的 $1/3 \sim 2/3$。

5）检查记录：记录测温仪表的规格型号和量程。对于本体上不需要安装测温仪表的压力容器，此项为不适用，在记录栏中打"/"。

6）结果判定：测温仪表检测的温度范围（介质的工作温度）为其量程的 $1/3 \sim 2/3$，该项目检查结论为"符合要求"；否则，该项目检查结论为"不符合要求"。

📖 **相关知识**

测温仪表的量程，应使介质的正常工作温度位于测温仪表量程的 $1/3 \sim 2/3$。规定选用测温仪表的量程，主要是考虑其所测量的介质温度范围，应在测温元件的线性范围内；同时还应考虑压力容器最高操作温度在测温仪表的量程范围内。

（3）测温仪表及其二次仪表的外观

1）检查项目：测温仪表及其二次仪表的外观是否符合规定。

2）检查方法：目视检查现场实物。

3）检查要求：测温仪表及其二次仪表的外观应符合规定。

4）检查内容：测温仪表及其二次仪表的外观是否符合规定。

5）检查记录：记录现场检查测温仪表及其二次仪表的外观情况。对于本体上不需要安装测温仪表的压力容器，此项为不适用，在记录栏中打"/"。

6）结果判定：测温仪表及其二次仪表的外观符合规定时，该项目检查结论为"符合要求"；否则，该项目检查结论为"不符合要求"。

📖 **相关知识**

测温仪表有一次仪表与二次仪表之分。一次仪表通常为热电偶温度计、热电阻温度计、双金属温度计、就地温度显示仪等；二次仪表通常为温度记录仪、温度巡检仪、温度显示仪、温度调节仪、温度变送器等。

2.3 年度检查的结果处理

2.3.1 安全管理类问题

安全管理类问题主要是管理制度不齐全完善、特种设备安全技术档案未建立或缺少部分档案资料、使用登记与实际不一致或未及时办理变更、未进行日常维护保养或检查记录、缺少压力容器专项应急预案、未进行专项应急预案演练或缺少演练记录等。

对于安全管理类问题，应在年度检查结论中规定的限期内完成整改或补充。

2.3.2 压力容器本体及其运行状况问题

压力容器本体及其运行状况问题通常与压力容器的安全稳定运行直接相关，应引起足够重视，一经发现，应立即确认分析原因。

对于严重问题，如压力容器本体或焊接接头等部位发现裂纹、变形、泄漏等，应立即停止压力容器运行。对不能确定缺陷性质及结果的，由特种设备检验机构进一步检验确认。待严重缺陷消除后并经重新定期检验确认合格后方可启动压力容器运行。

对于发现的一般问题或缺陷，如产品铭牌及其有关标志不齐全、隔热层破损、外表面轻微腐蚀等，使用单位制定并采取相应措施，如降低工作压力、减少工作时间、降低介质温度、限制介质储量、增加在线监控等措施，可以在限制条件下监控使用，注意随时检查监控运行的条件，有异常时应及时采取措施。可在制定和实施监控措施确保压力容器安全运行后出具年度检查报告。对年度检查报告提出的问题应在规定期限内完成整改。

轻度不影响安全使用的缺陷，可以在允许的参数范围内继续使用。

2.3.3 安全附件及安全仪表类问题

年度检查发现安全附件及仪表存在以下问题时，使用单位应当限期改正并且采取有效措施确保改正期间压力容器的安全运行，否则暂停该压力容器使用。

1）安全阀选型错误、铅封损坏、泄漏或超过校验有效期的。

2）爆破片安装方向错误、标定的爆破压力（温度）和运行要求不符、超过标定爆破压力未爆破、爆破片和压力容器间的截止阀未处于全开或铅封损坏（爆破片与安全阀并联使用时）、爆破片和安全阀之间的压力表有压力显示或截止阀打开后有气体漏出（爆破片与安全阀串联使用时）、爆破片装置泄漏、超过规定使用期限的。

3）压力表选型错误、表盘封面玻璃破裂或表盘刻度模糊不清、封签损坏、表内弹簧管泄漏、压力表指针松动、指针扭曲断裂、外壳腐蚀严重、三通旋塞或针形阀开启标记不清或锁紧装置损坏、超过检定有效期的。

4）液位计选型错误、玻璃板（管）有裂纹或破碎、阀件固死、液位指示错误或模糊不清、防止泄漏的保护装置损坏、超过规定检验期限的。

5）温度仪表量程选择错误、仪表及其防护装置破损、超过规定校验或检修期限的。

第 3 章

固定式压力容器年度检查
记录和报告的编制

　　年度检查记录和年度检查报告是进行固定式压力容器年度检查工作的证明资料，也是进行压力容器定期检验时重要的参考资料（如果使用单位未按规定进行年度检查，未提供年度检查报告，定期检验有效期会缩短），需要在一定期限进行存档管理。年度检查记录和报告必须规范编制，制定必要的编制要求。

3.1　年度检查记录和报告的编制要求

3.1.1　年度检查记录和报告格式

　　本书附录 C 给出了固定式压力容器年度检查记录和报告的通用格式，推荐压力容器使用单位使用。为了使年度检查记录和报告更加简洁、实用，减少记录和报告篇幅，使用单位可根据本单位在用压力容器的特点，保留有针对性的内容，建议压力容器使用单位对该通用格式进行删减（如本单位只有金属材质的压力容器，可以把非金属压力容器的专项检查内容删除，不在年度检查记录中出现）。

3.1.2　年度检查记录的编制要求

　　年度检查由使用单位自行实施时，使用单位应编制检查记录，并出具年度检查报告。

　　按照推荐的年度检查记录格式内容，结合使用单位压力容器的实际情况，对涉及的内容必须进行逐项检查。使用单位不能提供的内容、参数或找不到证明性资料时，填写"不详"，不能填写"/"或"无此项"。按照压力容器安全技术规范的要求，缺失的内容属于关键或重要内容（如压力容器铭牌）时，作为问题应进行补充和完善；属于一般内容时，即对压力容器的安全运行或判断是否安全运行影响不大时，可以将问题记录在案，不进行整改或完善。

对于年度检查通用记录中使用单位在用压力容器不涉及的内容，填写"/"或"无此项"。

对于要求填写具体数值的，测量的数据要保留到小数点后一位。

具体的填写内容要求见 3.2 节。

未发现问题时在表格中的"检查记录"栏详细记录检查情况，在"检查结论"栏填写"√"；检查发现有不符合规定的项目时，要在"检查记录"栏对问题进行简要说明，在"检查结论"栏填写"×"，并准确描述存在的问题。

在检查记录内页"问题及其处理"栏，汇总检查发现的问题，逐条按"检查发现的缺陷位置、性质、程度及处理意见"填写。

在检查记录内页"检查结论"栏按以下要求选择"符合要求、基本符合要求、不符合要求"中的一项。

1）未发现或者只有轻度不影响安全使用的缺陷，可以在允许的参数范围内继续使用，检查结论为"符合要求"。

2）发现一般缺陷，经过使用单位采取措施后能保证安全运行，可以有条件地监控使用，检查结论为"基本符合要求"，结论中应当注明监控运行需要解决的问题及其完成期限。

3）发现严重缺陷，不能保证压力容器安全运行的情况，不允许继续使用，应当停止运行或者由检验机构进行进一步检验时，检查结论为"不符合要求"。

"允许（监控）使用参数"根据检查情况如实填写。

3.1.3　年度检查报告的编制要求

压力容器年度检查报告，由使用单位经过专业培训的作业人员进行年度检查后编制，由使用单位安全管理负责人或者授权的安全管理人员审批。

年度检查工作完成后，检查人员结合检查记录，根据实际检查情况出具检查报告，做出下述结论：

1）符合要求，指未发现或者只有轻度不影响安全使用的缺陷，可以在允许的参数范围内继续使用。

2）基本符合要求，指发现一般缺陷，经过使用单位采取措施后能保证安全运行，可以有条件地监控使用，结论中应当注明监控运行需要解决的问题及其完成期限。

3）不符合要求，指发现严重缺陷，不能保证压力容器安全运行的情况，不允许继续使用，应当停止运行或者由检验机构进行进一步检验。

3.2 年度检查记录的填写说明

前文详细介绍了压力容器年度检查的方式方法以及相关的基本知识。固定式压力容器使用单位在进行年度检查时，经常对年度检查记录如何填写、记录哪些内容感到茫然。为此，结合本书给出的年度检查记录样表和实际检查的内容要求，本节对记录中需要填写的部分进行了编号，按顺序给出了每部分的填写说明（填写要求、记录内容等），供读者在使用中参考。

记录编号： ____【1】____

固定式压力容器年度检查记录

设 备 品 种： ____【2】____

设 备 名 称： ____【3】____

设 备 代 码： ____【4】____

单位内编号： ____【5】____

检 查 日 期： ____【6】____

（检查单位名称）

压力容器年度检查记录

记录编号：【1】

设备名称		【3】	容器类别	【7】
使用登记证编号		【8】	单位内编号	【5】
使用单位名称				
设备使用地点		【9】		
安全管理人员		【10】	联系电话	【11】
安全状况等级		【12】	下次定期检验日期	【13】
检查依据	《固定式压力容器安全技术监察规程》（TSG 21—2016）			
问题及其处理	检查发现的缺陷位置、性质、程度及处理意见（必要时附图或者附页） 【14】			
检查结论	（符合要求、基本符合要求、不符合要求）【15】	允许（监控）使用参数		
		压力	【16】 MPa	温度 |【17】 ℃
		介质	【18】	
	下次年度检查日期： 【19】 年 月			
说明	（监控运行需要解决的问题及完成期限） 【20】			
检查： 【21】		日期：	审核： 【22】	日期：

压力容器年度检查项目

记录编号：

序号		检查项目		检查记录	检查结论	备注
1	安全管理情况	安全管理制度	特种设备安全管理机构和相关人员岗位职责	【23】	【35】	
2			特种设备经常性维护保养、定期自行检查和有关记录制度	【24】		
3			特种设备使用登记、定期检验实施管理制度	【25】		
4			特种设备隐患排查治理制度	【26】		
5			特种设备安全管理人员与作业人员管理和培训制度	【27】		
6			特种设备采购、安装、改造、修理、报废等管理制度	【28】		
7			特种设备应急救援管理制度	【29】		
8			特种设备事故报告和处理制度	【30】		
9			高耗能特种设备（换热器）节能管理制度	【31】		
10			压力容器装置巡检制度	【32】		
11			压力容器工艺操作规程	【33】		
12			压力容器岗位操作规程	【34】		
13		设计制造安装改造维修资料	设计文件	【36】	【43】	
14			竣工图样	【37】		
15			产品合格证	【38】		
16			产品质量证明文件	【39】		
17			安装及使用维护保养说明	【40】		
18			监督检验证书	【41】		
19			安装、改造、修理资料	【42】		
20		使用登记	特种设备使用登记表	【44】	【46】	
21			特种设备使用登记证	【45】		
22		日常记录	压力容器日常维护保养记录	【47】	【50】	
23			压力容器运行记录	【48】		
24			压力容器定期安全检查记录	【49】		
25		检验报告	年度检查报告及问题处理情况	【51】	【53】	
26			定期检验报告及问题处理情况	【52】		
27		安全附件校验、修理和更换记录		【54】	【55】	
28		预案及演练	专项应急预案	【56】	【58】	
29			演练记录	【57】		
30		压力容器事故、故障情况记录		【59】	【60】	

（续）

序号	检查项目			检查记录	检查结论	备注
31	标识		产品铭牌	【61】	【63】	
32			有关标志（安全警示标志、特种设备使用标志）	【62】		
33	容器本体及运行状况	本体接口焊接接头	压力容器本体有无裂纹、过热、变形、泄漏、机械接触损伤等	【64】	【67】	
34			接口（阀门、管路）部位有无裂纹、过热、变形、泄漏、机械接触损伤等	【65】		
35			焊接接头有无裂纹、过热、变形、泄漏、机械接触损伤等	【66】		
36		外表面检查	外表面腐蚀情况	【68】	【70】	
37			异常结霜、结露情况	【69】		
38		隔热层检查		【71】	【72】	
39		泄漏孔	检漏孔检查	【73】	【75】	
40			信号孔检查	【74】		
41		压力容器与相邻管道或者构件间异常振动、响声或者相互摩擦情况检查		【76】	【77】	
42		支座检查	支承或者支座检查	【78】	【81】	
43			设备基础检查	【79】		
44			紧固螺栓检查	【80】		
45		排放（疏水、排污）装置检查		【82】	【83】	
46		运行期间超温、超压、超量等情况检查		【84】	【85】	
47		接地装置检查（罐体有接地装置的）		【86】	【87】	
48		监控措施是否有效实施情况检查（监控使用的压力容器）		【88】	【89】	
49	安全附件	安全阀	选型是否正确	【90】	【96】	
50			校验有效期内	【91】		
51			防止重锤移动和越出的装置、铅封装置、防止重片飞脱的装置	【92】		
52			安全阀和排放口之间装设的截止阀是否处于全开位置及铅封是否完好	【93】		
53			安全阀是否有泄漏	【94】		
54			放空管通畅，防雨帽完好	【95】		
55		爆破片装置	爆破片是否超过规定使用期限	【97】	【104】	
56			爆破片的安装方向是否正确，产品铭牌上的爆破压力和温度是否符合运行要求	【98】		
57			爆破片装置有无渗漏	【99】		

（续）

序号			检查项目	检查记录	检查结论	备注
58	安全附件	爆破片装置	爆破片使用过程中是否存在未超压爆破或者超压未爆破的情况	【100】	【104】	
59			与夹持器相连的放空管是否通畅，放空管、防水帽、防雨片是否完好	【101】		
60			爆破片和压力容器间装设的截止阀是否处于全开状态，铅封是否完好	【102】		
61			爆破片和安全阀串联使用情况检查	【103】		
62		安全联锁装置	安全联锁装置完好，无缺件，动作灵活	【105】	【107】	
63			安全联锁装置功能符合要求	【106】		
64	仪器仪表	压力表	压力表的选型是否符合要求	【108】	【113】	
65			压力表的定期检修维护、检定有效期及其封签是否符合规定	【109】		
66			压力表外观、精确度等级、量程是否符合要求	【110】		
67			压力表装设三通旋塞或者针形阀时，开启标记及其锁紧装置是否符合规定	【111】		
68			同一系统上各压力表的读数是否一致	【112】		
69		液位计	液位计的定期检修维护是否符合规定	【114】	【118】	
70			液位计外观及其附件是否符合规定	【115】		
71			寒冷地区室外使用或者盛装0℃以下介质的液位计选型是否符合规定	【116】		
72			易爆、极度或者高度危害的液化气体，液位计的防止泄漏保护装置是否符合规定	【117】		
73		测温仪表	测温仪表的定期校验和检修是否符合规定	【119】	【122】	
74			测温仪表的量程与其检测的温度范围是否匹配	【120】		
75			测温仪表及其二次仪表的外观是否符合规定	【121】		
76	其他专项要求	搪玻璃压力容器检查	压力容器外表面防腐漆是否完好，是否有锈蚀、腐蚀现象	【123】	【127】	
77			密封面是否有泄漏	【124】		
78			夹套底部排净（疏水）口开闭是否灵活	【125】		
79			夹套顶部放气口开闭是否灵活	【126】		
80		石墨及石墨衬里压力容器检查	压力容器外表面防腐漆是否完好，是否有锈蚀、腐蚀现象	【128】	【131】	
81			石墨件外表面是否有腐蚀、破损和开裂现象	【129】		
82			密封面是否有泄漏	【130】		

（续）

序号		检查项目		检查记录	检查结论	备注
83	纤维增强塑料及纤维增强塑料衬里压力容器检查	压力容器外表面防腐漆是否完好，是否有腐蚀、损伤、纤维裸露、裂纹或者裂缝、分层、凹坑、划痕、鼓包、变形现象		【132】	【137】	
84			管口、支撑件等连接部位是否有开裂、拉脱现象	【133】		
85	其他专项要求	支座、爬梯、平台等是否有松动、破坏等影响安全的因素		【134】		
86		紧固件、阀门等零部件是否有腐蚀破坏现象		【135】		
87		密封面是否有泄漏		【136】		
88	热塑性塑料衬里压力容器检查	压力容器外表面金属基体防腐漆是否完好，是否有锈蚀、腐蚀现象		【138】	【140】	
89		密封面是否有泄漏		【139】		

注：1. 本表是压力容器年度检查的基本要求，使用单位可以根据本单位压力容器使用特性增加或调整有关检查项目。

2. 无问题或合格的检查项目在检查结论栏打"√"；有问题或不合格的检查项目在检查结论栏打"×"，并在备注中说明；实际没有的检查项目在检查结论栏填写"无此项"，或者按照实际项目编制；无法检查的项目在检查结论栏打"/"，并在备注栏中说明原因。

按以下说明填写。

【1】记录编号：按使用单位内部质量体系文件和记录控制程序要求编号；如果使用单位内部无规定，建议按使用单位简称+年份+压力容器位置编号或顺序号，如 SXXD2022-01、SXXD2022-CC01、SXXD2022-FY03 等。

【2】设备品种：根据所检查压力容器实际情况选填，有超高压容器、第三类压力容器、第二类压力容器、第一类压力容器。

【3】设备名称：按压力容器产品铭牌或设计图样上的容器名称填写，如"分气缸""蒸压釜"等。

【4】设备代码：是一个 17 位数字代号，按压力容器产品铭牌、压力容器产品合格证、固定式压力容器产品数据表中相应的内容填写，如 21502301020210098。

【5】单位内编号：为固定式压力容器的使用单位内部的顺序编号，如 01、CC01、FY03 等。

【6】检查日期：按实际检查时间填写，如果检查不是一天内完成的，填写检查起始日期或填写最终检查完成日期，如"2022 年 05 月 20 日""2022 年 05 月 20 日—2022 年 05 月 22 日""2022 年 05 月 22 日"等。

【7】容器类别：统一填写"固定式压力容器"。

【8】使用登记证编号：按在当地特种设备使用登记部门办理的《特种设备使用证》上的编号填写，如"容15陕A00089（21）"。注意使用登记证上的单位名称应与使用单位营业执照上的单位名称一致；如果不一致，应作为年度检查需要限期整改的问题在【14】中列出。

【9】设备使用地点：填写特种设备具体详细的使用地点，如"＊＊省＊＊市＊＊＊区＊＊＊路＊＊＊号＊＊车间"。

【10】安全管理人员：填写特种设备安全管理人员姓名及证件编号（项目代号为"A"的特种设备安全管理人员证）。

【11】联系电话：填写安全管理人员的固定电话及手机号码。

【12】安全状况等级：按最近一次压力容器定期检验报告中判定的压力容器等级填写，如为新安装投入使用未满3年的压力容器，填写"1级"。

【13】下次定期检验日期：按最近一次压力容器定期检验报告中确定的下次定期检验日期填写；如果是新安装投入使用的压力容器，填写自实际使用日期开始至满三年（非金属压力容器为1年）对应的日期。

【14】问题及其处理：汇总各项检查结果，对检查出的每个问题须分别按检查发现的缺陷位置、性质、程度及处理意见填写，如："1. 安全阀超期未校验，限7日内改正并应采取有效措施确保改正期间的安全，否则暂停该压力容器使用；2. 压力容器铭牌缺失，应联系原制造单位补做；3. 压力容器使用登记证上的单位名称与公司营业执照上的单位名称不一致，应到特种设备使用登记管理部门办理使用证变更。"

【15】检查结论：按压力容器年度检查时的实际状况依据3.1.3节的规定填写"符合要求""基本符合要求"或"不符合要求"。

【16】压力：检查结论为"符合要求"的，填写为最近一次定期检验报告中确定的允许工作压力；如果为新投入使用且未满3年使用期的压力容器，按压力容器出厂资料产品数据表中的工作压力填写；检查结论为"基本符合要求"的，填写为本次年度检查确定的须采取的措施中确认的工作压力。

【17】温度：检查结论为"符合要求"的，填写为最近一次定期检验报告中确定的允许工作温度；如果为新投入使用且未满3年使用期的压力容器，按压力容器出厂资料产品数据表中的工作温度填写；检查结论为"基本符合要求"的，填写为本次年度检查确定的须采取的措施中确认的工作温度。

【18】介质：对照该压力容器出厂资料，按设计文件中压力容器的介质名称，检查是否与压力容器内介质一致；按压力容器内的实际介质名称填写，必

要时须填写介质名称+化学分子式，如果为混合介质，须填写介质各组分名称+组分比例。

【19】下次年度检查日期：填写下次年度检查日期，与本次年度检查日期间隔时间为 1 年。

【20】说明：可就年度检查时的一些情况进一步说明，写明检查时的情况，如"年度检查时，压力容器未运行"等；如果未检查出问题，也没有要特别说明的事情，本项填写"无"；填写监控运行需要解决的问题及完成期限。

【21】检查：由进行本台压力容器年度检查且经过专业培训的作业人员签字确认。

【22】审核：由使用单位安全管理人员审核。

【23】特种设备安全管理机构和相关人员岗位职责：检查设置有特种设备安全管理机构和相关人员（安全管理负责人、安全管理员、作业人员等）的岗位职责是否齐全，岗位职责内容是否符合《特种设备使用管理规则》（TSG 08）规定；内容可参考附录 A《压力容器使用单位应建立的安全管理制度示例》。

【24】特种设备经常性维护保养、定期自行检查和有关记录制度：检查是否编制了此项制度，制度内容是否与本单位特种设备状况相符合；制度内容可参考附录 A《压力容器使用单位应建立的安全管理制度示例》。

【25】特种设备使用登记、定期检验实施管理制度：内容可参考附录 A《压力容器使用单位应建立的安全管理制度示例》。

【26】特种设备隐患排查治理制度：检查制度是否建立，制度内容可参考附录 A《压力容器使用单位应建立的安全管理制度示例》。

【27】特种设备安全管理人员与作业人员管理和培训制度：检查制度是否建立，制度内容可参考附录 A《压力容器使用单位应建立的安全管理制度示例》。

【28】特种设备采购、安装、改造、修理、报废等管理制度：检查制度是否建立，制度内容可参考附录 A《压力容器使用单位应建立的安全管理制度示例》。

【29】特种设备应急救援管理制度：检查制度是否建立，制度内容可参考附录 A《压力容器使用单位应建立的安全管理制度示例》。

【30】特种设备事故报告和处理制度：检查制度是否建立，制度内容可参考附录 A《压力容器使用单位应建立的安全管理制度示例》。

【31】高耗能特种设备（换热器）节能管理制度：检查制度是否建立，制度内容可参考附录 A《压力容器使用单位应建立的安全管理制度示例》；对本单位无换热器等高耗能特种设备的，此处填写"不适用"或"/"。

【32】压力容器装置巡检制度：检查制度是否建立，制度内容可参考附录 A 《压力容器使用单位应建立的安全管理制度示例》。

【33】压力容器工艺操作规程：是否根据所检查压力容器实际情况编制了工艺操作规程，操作规程内容是否符合要求，操作规程内容可参考附录 B 《压力容器安全操作规程要求及示例》。

【34】压力容器岗位操作规程：是否根据所检查压力容器实际情况编制了岗位操作规程，操作规程内容是否符合要求，操作规程内容可参考附录 B 《压力容器安全操作规程要求及示例》。

【35】检查结论：以上检查内容无问题或检查项目合格时，此栏填写"√"；否则，填写"×"并在备注中说明。

【36】设计文件：设计文件至少包括强度计算书（或应力分析报告）、设计图样、制造技术条件、风险评估报告（第三类压力容器要求）、压力容器安全泄放量、安全阀排量和爆破片泄放面积的计算书（容器安装有安全泄放装置时要求）；如果不齐全，记录所缺少文件的名称。

【37】竣工图样：应有符合要求的竣工图样，竣工图样上应当有设计单位设计专用章（复印章无效），并且加盖竣工图章（竣工图章上标注制造单位名称、制造许可证编号、审核人的签字和"竣工图"字样）；如果制造中发生了材料代用、无损检测方法改变、加工尺寸变更等，制造单位按照设计单位书面批准文件的要求在竣工图样上做出清晰标注，标注处有修改人的签字及修改日期。简单压力容器竣工图样可以为复印件。

【38】产品合格证：记录检查情况，产品合格证格式和内容是否符合要求。

【39】产品质量证明文件：产品质量证明文件至少包括材料清单、主要受压元件材料质量证明、质量计划、外观及几何尺寸检验报告、焊接（粘接）记录、无损检测报告、热处理报告及自动记录曲线、耐压试验报告及泄漏试验报告、产品铭牌的拓印件或者复印件等；真空绝热压力容器还应有封口真空度、真空夹层泄漏率、静态蒸发率检测结果等。

【40】安装及使用维护保养说明：此项检查没有强制性要求，记录检查情况；如果制造单位未提供，此栏填写"/"。

【41】监督检验证书：由制造单位驻厂特种设备检验机构出具的特种设备制造监督检验证书，如果压力容器在使用过程中进行过改造或重大修理，还应当有特种设备改造与重大修理监督检验证书。

【42】安装、改造、修理资料：至少包括告知单、施工方案、图样和施工质量证明文件等技术资料。记录检查情况。

【43】检查结论：以上检查内容无问题或检查项目合格时，此栏填写"√"；

否则，填写"×"并在备注中说明。

【44】特种设备使用登记表：压力容器按台办理使用登记，使用登记表格式和内容应符合《特种设备使用管理规则》（TSG 08）附件 B（式样一）要求。

【45】特种设备使用登记证：压力容器按台办理使用登记，使用登记证格式和内容应符合《特种设备使用管理规则》（TSG 08）附件 A（式样一）要求。

【46】检查结论：以上检查内容无问题或检查项目合格时，此栏填写"√"；否则，填写"×"并在备注中说明。

【47】压力容器日常维护保养记录：是否有记录表格、是否按规定填写；表格可参考本书附录 C《压力容器使用单位常用记录推荐表格模板》中对应的表格。

【48】压力容器运行记录：是否有记录表格、是否按规定填写；表格可参考本书附录 C《压力容器使用单位常用记录推荐表格模板》中对应的表格。

【49】压力容器定期安全检查记录：是否有记录表格、是否按规定填写；表格可参考本书附录 C《压力容器使用单位常用记录推荐表格模板》中对应的表格。

【50】检查结论：以上检查内容无问题或检查项目合格时，此栏填写"√"；否则，填写"×"并在备注中说明。

【51】年度检查报告及问题处理情况：对照上年度该台压力容器的年度检查报告，检查记录所留问题的整改完成情况。

【52】定期检验报告及问题处理情况：对照上次定期检验时该台压力容器的定期检验报告，检查记录所留问题的整改完成情况。

【53】检查结论：以上检查内容无问题或检查项目合格时，此栏填写"√"；否则，填写"×"并在备注中说明。

【54】安全附件校验、修理和更换记录：是否有记录表格、是否按规定填写；表格可参考本书附录 C《压力容器使用单位常用记录推荐表格模板》中对应的表格。

【55】检查结论：以上检查内容无问题或检查项目合格时，此栏填写"√"；否则，填写"×"并在备注中说明。

【56】专项应急预案：检查是否编制了压力容器专项应急预案，预案是否经过审核、批准并正式颁布实施。

【57】演练记录：检查是否按压力容器专项应急预案的规定，定期进行了专项预案内容的演练，并形成演练记录（有演练内容、演练过程、演练参加人员签字、演练总结和讲评等资料）。

【58】检查结论：以上检查内容无问题或检查项目合格时，此栏填写"√"；否则，填写"×"并在备注中说明。

【59】压力容器事故、故障情况记录：是否有记录表格、是否按规定填写；表格可参考本书附录 C《压力容器使用单位常用记录推荐表格模板》中对应的表格。

【60】检查结论：以上检查内容无问题或检查项目合格时，此栏填写"√"；否则，填写"×"并在备注中说明。

【61】产品铭牌：记录压力容器产品铭牌格式和内容是否符合《固定式压力容器安全技术监察规程》（TSG 21）附件 C 的规定，铭牌是否安装在压力容器的显著位置，是否被保温材料、平台钢架等遮挡，铭牌安装是否牢固可靠。

【62】有关标志（安全警示标志、特种设备使用标志）：记录检查该台压力容器是否有安全警示标志、特种设备使用标志（格式和内容符合《特种设备使用管理规则》（TSG 08）附件 G（式样一），是否放置在压力容器的显著位置。

【63】检查结论：以上检查内容无问题或检查项目合格时，此栏填写"√"；否则，填写"×"并在备注中说明。

【64】压力容器本体有无裂纹、过热、变形、泄漏、机械接触损伤等：记录检查情况。

【65】接口（阀门、管路）部位有无裂纹、过热、变形、泄漏、机械接触损伤等：记录检查情况。

【66】焊接接头有无裂纹、过热、变形、泄漏、机械接触损伤等：记录检查情况。

【67】检查结论：以上检查内容无问题或检查项目合格时，此栏填写"√"；否则，填写"×"并在备注中说明。

【68】外表面腐蚀情况：记录检查时压力容器外表面的腐蚀情况，如"无腐蚀""外表面点状腐蚀，腐蚀点大小约 ϕ5mm，深度约 2mm"。

【69】异常结霜、结露情况：对非低温介质或液化气体介质，该项目填写"无此项"或"/"；记录外表面实际情况。

【70】检查结论：以上检查内容无问题或检查项目合格时，此栏填写"√"；否则，填写"×"并在备注中说明。

【71】隔热层检查：对无隔热层压力容器，该项填写"无此项"或"/"；否则，填写隔热层检查情况，如"隔热层完好""距上封头与筒体环焊缝 50mm 处隔热层破损"。

【72】检查结论：以上检查内容无问题或检查项目合格时，此栏填写"√"；否则，填写"×"并在备注中说明。

【73】检漏孔检查：对无检漏孔压力容器，该项填写"无此项"或"/"；否则，填写检漏孔检查情况，如"检漏孔完好""检漏孔口封堵"。

【74】信号孔检查：对无信号孔压力容器，该项填写"无此项"或"/"；否则，填写信号孔检查情况，如"信号孔完好""人孔上设置的信号孔位置错误"。

【75】检查结论：以上检查内容无问题或检查项目合格时，此栏填写"√"；否则，填写"×"并在备注中说明。

【76】压力容器与相邻管道或者构件间异常振动、响声或者相互摩擦情况检查：记录检查时的异常振动、响声或者相互摩擦情况，正常时填写"无异常"。

【77】检查结论：以上检查内容无问题或检查项目合格时，此栏填写"√"；否则，填写"×"并在备注中说明。

【78】支承或者支座检查：记录检查时压力容器支承或支座的情况，确认其支承或支座名称，是否有腐蚀、变形等现象。

【79】设备基础检查：记录检查时压力容器设备的基础情况，是否有不均匀沉降、是否完好等。

【80】紧固螺栓检查：记录检查时支座螺栓是否有锈蚀、齐全；对于支座固定端，是否安装了锁紧螺母；对于支座滑动端，是否能自由滑动。

【81】检查结论：以上检查内容无问题或检查项目合格时，此栏填写"√"；否则，填写"×"并在备注中说明。

【82】排放（疏水、排污）装置检查：检查疏水及排污装置是否完好，管道有无变形、阀门是否完好等。

【83】检查结论：以上检查内容无问题或检查项目合格时，此栏填写"√"；否则，填写"×"并在备注中说明。

【84】运行期间超温、超压、超量等情况检查：记录检查时压力容器的运行温度、压力、储量等工艺参数，并检查压力容器日常运行记录中是否有超温、超压、超量等情况。

【85】检查结论：以上检查内容无问题或检查项目合格时，此栏填写"√"；否则，填写"×"并在备注中说明。

【86】接地装置检查（罐体有接地装置的）：记录接地装置的形式、完好性及最近一次接地电阻的测量值（压力容器安装交工资料或压力容器定期检验报告中的接地电阻测量值）。如果根据压力容器盛装介质不需要安装接地装置，此项填写"无此项"或"/"。

【87】检查结论：以上检查内容无问题或检查项目合格时，此栏填写"√"；否则，填写"×"并在备注中说明。

【88】监控措施是否有效实施情况检查（监控使用的压力容器）：对上次压力容器定期检验报告中确定的需监控使用的压力容器，逐项记录监控措施的实施情况。

【89】检查结论：以上检查内容无问题或检查项目合格时，此栏填写"√"；否则，填写"×"并在备注中说明。

【90】选型是否正确：根据压力容器内盛装介质性质及状态，记录检查时容器上安装的安全阀规格型号，是否与介质性质及状态一致。压力容器本体上未安装安全阀时，此项填写"无此项"或"/"。

【91】校验有效期内：记录安全阀校验标识牌上的校验有效期，判断安全阀是否在校验有效期内。压力容器本体上未安装安全阀时，此项填写"无此项"或"/"。

【92】防止重锤移动和越出的装置、铅封装置、防止重片飞脱的装置：记录检查时安全阀的铅封装置是否完好。压力容器本体上未安装安全阀时，此项填写"无此项"或"/"。

【93】安全阀和排放口之间装设的截止阀是否处于全开位置及铅封是否完好：填写检查时截止阀的开启状态及铅封情况。压力容器本体上未安装安全阀时，此项填写"无此项"或"/"。

【94】安全阀是否有泄漏：填写检查时安全阀本体及其与压力容器、泄放管（放空管）等的连接部位是否有泄漏。压力容器本体上未安装安全阀时，此项填写"无此项"或"/"。

【95】放空管通畅，防雨帽完好：填写年度检查时安全阀放空管是否畅通（有无缩径、是否安装有关闭状态的阀门、是否有两个以上安全阀共用一根放空管的情况等），防雨帽是否完好，能否上下活动。压力容器本体上未安装安全阀时，此项填写"无此项"或"/"。

【96】检查结论：以上检查内容无问题或检查项目合格时，此栏填写"√"；否则，填写"×"并在备注中说明。

【97】爆破片是否超过规定使用期限：分别记录爆破片铭牌上的有效期和爆破片的实际使用时间。压力容器本体上未安装爆破片时，此项填写"无此项"或"/"。

【98】爆破片的安装方向是否正确，产品铭牌上的爆破压力和温度是否符合运行要求：核对爆破片装置上的方向标志，是否与安装处的压力容器介质流向一致，填写检查情况；核对爆破片铭牌上的爆破压力和温度，是否与压力容器工作压力和温度相符，填写检查情况。压力容器本体上未安装爆破片时，此项填写"无此项"或"/"。

【99】爆破片装置有无渗漏：填写爆破片装置各连接密封处及其与压力容器连接处的渗漏情况。压力容器本体上未安装爆破片时，此项填写"无此项"或"/"。

【100】爆破片使用过程中是否存在未超压爆破或者超压未爆破的情况：检查自上次年度检查以来压力容器的运行记录，是否有超压运行现象，填写爆破片的爆破或未爆破情况。压力容器本体上未安装爆破片时，此项填写"无此项"或"/"。

【101】与夹持器相连的放空管是否通畅，放空管、防水帽、防雨片是否完好：填写放空管、防水帽、防雨片的检查情况。压力容器本体上未安装爆破片时，此项填写"无此项"或"/"。

【102】爆破片和压力容器间装设的截止阀是否处于全开状态，铅封是否完好：填写检查时截止阀的开启状态及铅封情况。压力容器本体上未安装爆破片时，此项填写"无此项"或"/"。

【103】爆破片和安全阀串联使用情况检查：填写爆破片和安全阀串联使用情况。压力容器本体上未安装爆破片或安全爆破片和安全阀未串联使用时，此项填写"无此项"或"/"。

【104】检查结论：以上检查内容无问题或检查项目合格时，此栏填写"√"；否则，填写"×"并在备注中说明。

【105】安全联锁装置完好，无缺件，动作灵活：填写年度检查时快开门式压力容器的安全联锁装置的外观、动作以及装置的完好性。对于非快开门式压力容器，此项填写"无此项"或"/"。

【106】安全联锁装置功能符合要求：进行动作试验，分别在快开门开启和关闭状态下打开阀门，填写升压运行情况。对于非快开门式压力容器，此项填写"无此项"或"/"。

【107】检查结论：以上检查内容无问题或检查项目合格时，此栏填写"√"；否则，填写"×"并在备注中说明。

【108】压力表的选型是否符合要求：填写压力表的规格型号，核对是否与压力容器及其介质相符。

【109】压力表的定期检修维护、检定有效期及其封签是否符合规定：填写压力表的外观、检定有效期及铅封情况。

【110】压力表外观、精确度等级、量程是否符合要求：填写所检查压力表的外观、精确度等级和量程，核对其是否与所检查压力容器工作压力、压力容器类别等相符。

【111】压力表装设三通旋塞或者针形阀时，开启标记及其锁紧装置是否符合规定：记录需要装设三通旋塞或者针形阀的压力表其三通旋塞或者针形阀是否完整、开启标记是否明显、锁紧装置是否符合规定；不需要装设三通旋塞或者针形阀时，此项填写"无此项"或"/"。

【112】同一系统上各压力表的读数是否一致：填写同一系统（通道）上各压力表的显示值。

【113】检查结论：以上检查内容无问题或检查项目合格时，此栏填写"√"；否则，填写"×"并在备注中说明。

【114】液位计的定期检修维护是否符合规定：检查液位计检修维护记录，填写液位计定期检修维护情况。

【115】液位计外观及其附件是否符合规定：填写液位计能否清晰、准确显示液位等外观情况、最高最低液位标记、阀门等液位计附件是否完好等。

【116】寒冷地区室外使用或者盛装 0℃ 以下介质的液位计选型是否符合规定：填写所检查液位计的规格型号是否与寒冷地区室外使用或者盛装 0℃ 以下介质相适应。对非寒冷地区室外使用或者盛装 0℃ 以下介质，此项填写"无此项"或"/"。

【117】易爆、极度或者高度危害的液化气体，液位计的防止泄漏保护装置是否符合规定：填写所检查液位计的规格型号是否与易爆、极度或者高度危害的液化气体相适应。对非易爆、极度或者高度危害的液化气体，此项填写"无此项"或"/"。

【118】检查结论：以上检查内容无问题或检查项目合格时，此栏填写"√"；否则，填写"×"并在备注中说明。

【119】测温仪表的定期校验和检修是否符合规定：检查测温仪表检修维护记录和检定/校准标签，填写测温仪表定期检修维护情况。

【120】测温仪表的量程与其检测的温度范围是否匹配：填写测温仪表的规格型号，核对其是否与压力容器及介质温度等相匹配。

【121】测温仪表及其二次仪表的外观是否符合规定：填写测温仪表及其二次仪表的外观情况。

【122】检查结论：以上检查内容无问题或检查项目合格时，此栏填写"√"；否则，填写"×"并在备注中说明。

【123】压力容器外表面防腐漆是否完好，是否有锈蚀、腐蚀现象：记录压力容器外表面的锈蚀和腐蚀情况。

【124】密封面是否有泄漏：填写压力容器各密封面处的泄漏检查情况。

【125】夹套底部排净（疏水）口开闭是否灵活：现场由压力容器作业人员手动操作夹套底部的疏水阀，记录其开闭灵活情况。

【126】夹套顶部放气口开闭是否灵活：现场由压力容器作业人员手动操作夹套顶部放气口阀门，记录其开闭灵活情况。

【127】检查结论：以上检查内容无问题或检查项目合格时，此栏填写

"√"；否则，填写"×"并在备注中说明。

【128】压力容器外表面防腐漆是否完好，是否有锈蚀、腐蚀现象：记录压力容器外表面的锈蚀和腐蚀情况。

【129】石墨件外表面是否有腐蚀、破损和开裂现象：填写年度检查时石墨件外表面的腐蚀、破损和开裂情况。

【130】密封面是否有泄漏：填写压力容器各密封面处的泄漏检查情况。

【131】检查结论：以上检查内容无问题或检查项目合格时，此栏填写"√"；否则，填写"×"并在备注中说明。

【132】压力容器外表面防腐漆是否完好，是否有腐蚀、损伤、纤维裸露、裂纹或者裂缝、分层、凹坑、划痕、鼓包、变形现象：填写年度检查时容器外表面腐蚀、损伤、纤维裸露、裂纹或者裂缝、分层、凹坑、划痕、鼓包、变形等情况。

【133】管口、支撑件等连接部位是否有开裂、拉脱现象：填写压力容器各管口、支撑件等与压力容器连接部位的开裂、拉脱情况。

【134】支座、爬梯、平台等是否有松动、破坏等影响安全的因素：填写压力容器支座、爬梯、平台等的松动、破坏等情况。

【135】紧固件、阀门等零部件是否有腐蚀破坏现象：填写压力容器本体上各紧固件、阀门等零部件腐蚀破坏情况。

【136】密封面是否有泄漏：填写压力容器各密封面处的泄漏检查情况。

【137】检查结论：以上检查内容无问题或检查项目合格时，此栏填写"√"；否则，填写"×"并在备注中说明。

【138】压力容器外表面金属基体防腐漆是否完好，是否有锈蚀、腐蚀现象：记录压力容器外表面的锈蚀和腐蚀情况。

【139】密封面是否有泄漏：填写压力容器各密封面处的泄漏检查情况。

【140】检查结论：以上检查内容无问题或检查项目合格时，此栏填写"√"；否则，填写"×"并在备注中说明。

3.3　年度检查报告的填写说明

《固定式压力容器安全技术监察规程》（TSG 21）给出了压力容器年度检查报告的格式，但相关单位在编制年度检查报告时，感觉还是有一定的难度，经常填写不正确甚至错误，理不清头绪。为此，结合年度检查报告样表和相应的年度检查记录，本节对检查报告需要填写的部分进行了编号（编号为1~22），按顺序给出了每部分的填写说明（填写要求、报告内容等），供读者在编制年度检查报告时参考。

压力容器年度检查报告

报告编号：【1】

设备名称		【2】	容器类别		【3】
使用登记证编号		【4】	单位内编号		【5】
使用单位名称		【6】			
设备使用地点		【7】			
安全管理人员		【8】	联系电话		【9】
安全状况等级		【10】	下次定期检验日期		【11】
检查依据	《固定式压力容器安全技术监察规程》（TSG 21—2016）				
问题及其处理	检查发现的缺陷位置、性质、程度及处理意见（必要时附图或者附页） 【12】				
检查结论	（符合要求、基本符合要求、不符合要求）【13】	允许（监控）使用参数			
		压力	【14】 MPa	温度	【15】 ℃
		介质	【16】		
	下次年度检查日期： 【17】 年 月				
说明	（监控运行需要解决的问题及完成期限） 【18】				
检查：【19】 日期：			（检查单位检查专用章或公章） 【22】 年 月 日		
审核：【20】 日期：					
审批：【21】 日期：					

填写说明：

【1】报告编号：按使用单位内部质量体系文件和记录控制程序要求编号；如果使用单位内部无规定，建议按使用单位简称+B+年份+压力容器单位编号，如 SXXDB2022-01、SXXDB2022-CC01、SXXDB2022-FY03 等。

【2】~【20】项的填写对应年度检查记录中相应的项目，须与记录中填写内容一致。

【21】审批：由使用单位安全管理负责人或者授权的安全管理人员签字。

【22】检查单位检查专用章或公章：年度检查由使用单位自行进行时，加盖使用单位年度检查专用章或使用单位公章。

3.4　年度检查记录和报告的归档

年度检查工作完成后，及时收集检查过程中的检查记录、检查报告、问题处理或整改资料等，逐台编目整理装订，交使用单位档案室按年度登记放入对应的固定式压力容器安全技术档案中存档。

固定式压力容器年度检查常见问题

年度检查对于固定式压力容器的安全运行有着不可或缺的作用，是压力容器定期法定检验的重要补充。根据编著者多年长期进行压力容器年度检查的工作经验，总结出压力容器年度检查常见的问题，见表4-1。

表4-1　固定式压力容器年度检查常见问题

序号	常见问题	问题描述及产生原因	整改措施
1	未编制相关规章制度，或编制的规章制度内容与压力容器品种、类型不相符，规章制度未实施等	这是最为常见和突出的一个问题，特种设备使用单位未按《特种设备使用管理规则》（TSG 08）建立特种设备使用安全节能管理制度或者管理制度不齐全、不完整，或管理制度的内容与使用单位的压力容器品种、类型、介质、结构等不相符	由特种设备安全监管部门检查和督促，使用单位重视，建立齐全、完整且与使用单位压力容器等一致的特种设备安全和节能管理制度
2	未编制压力容器专项应急预案，未针对压力容器专项应急预案开展应急演练	特种设备使用单位按相关主管部门的要求编制有安全生产事故应急预案、消防事故应急预案、特种设备事故应急预案，未按规定编制压力容器专项应急预案，或者未针对压力容器专项应急预案开展应急演练，造成此项管理空白	不能用其他事故应急预案和演练代替压力容器专项应急预案以及演练。尤其是设置有特种设备安全管理机构和配备专职安全管理员的使用单位，应当制定压力容器专项应急预案，并且每年至少演练一次，做出记录
3	缺少特种设备运行记录，设备运行情况、故障或事故情况以及超限运行等情况不明	填写"特种设备运行记录"的目的是记录设备运行状况，包括正常状况和异常状况，以便于特种设备故障或事故时可以追溯寻找故障或事故产生的原因，在进行定期检验时可以有针对性地确定重点检验项目和内容，其重要性不言而喻	由特种设备安全管理机构或安全管理人员督促严格执行使用单位《特种设备经常性维护保养、定期自行检查和有关记录制度》

（续）

序号	常见问题	问题描述及产生原因	整改措施
4	压力容器长时间未进行维护保养	使用单位从未对压力容器进行维护保养，甚至上次定期检验时压力容器表面检验打磨区域都没有防腐补漆。使用单位应对压力容器本体及其安全附件、装卸附件、安全保护装置、测量调控装置、附属仪器仪表进行经常性维护保养	由特种设备安全管理机构或安全管理人员督促严格执行使用单位《特种设备经常性维护保养、定期自行检查和有关记录制度》
5	缺少压力容器维护保养记录和异常情况记录	对压力容器的日常维护保养未记录或记录不详，只有保养时间而没有维护和保养的具体内容，异常情况未记录等，是压力容器使用单位经常忽略的方面。日常维护保养记录和异常情况记录是压力容器进行定期检验时评定压力容器安全状况等级重要的依据和参考资料。如果缺失，会造成压力容器定期检验时检验项目内容和安全状况等级评定不准确，给设备的安全运行埋下事故隐患	由特种设备安全管理机构或安全管理人员督促严格执行使用单位《特种设备经常性维护保养、定期自行检查和有关记录制度》
6	密封面泄漏	密封面泄漏，包括安全阀泄放管泄漏，是年度检查时比较常见的，还未引起使用单位足够的重视，他们对这种情况司空见惯，放任自流，实际上造成了较大的安全隐患，小泄漏必会引起大泄漏。因此，在年度检查时，如果发现泄漏现象，必须记录并及时查明原因	准确找出密封面泄漏的原因（密封面结构变形、密封垫损坏、密封面损伤），及时修复
7	未定期排污，或定期排污未记录	定期排污既是压力容器洁净的要求，也是压力容器安全运行的需要。长期不按规定排污，不但会造成压力容器的内壁腐蚀，还会引起排污管道和排污阀门堵死和腐蚀破坏，同时还会减小压力容器的有效容积，减小介质储存量。编著者曾在定期检验时强烈要求使用单位打开一台压缩空气储罐，打开后就发现这台储罐已经积聚了大半罐的冷凝水，储罐底部锈蚀严重，堆积了大量的金属腐蚀锈渣，排污阀已被堵死	定期排污，确认排污装置完好并确保排污效果，按管理制度要求记录排污情况（排污时间、排污时长、排污人员等）
8	阀门启闭不灵活，或不能关闭到位	阀门启闭不灵活或关闭不严会直接导致压力容器泄漏或引起更大的故障或事故，一定要在日常巡检或操作中及时发现，及时处理	确认阀门启闭不灵活，或不能关闭到位时，及时更换合格阀门，安装前应试验阀门功能是否合格

（续）

序号	常见问题	问题描述及产生原因	整改措施
9	保温层破损，保温层破损附近容器外壁防腐层脱落，保温层异常变色	经常由于保护壳的意外损伤导致保温层进一步损坏，不但造成压力容器保温失效，更严重的是雨水、冷凝水及其他腐蚀介质的渗入引起保温层下腐蚀	发现保温层破损时及时修复，进行维护保养
10	安全阀混用	安全阀校验拆卸时未做安装位置标记，校验回来后随意改变安装位置，造成安全阀介质、整定压力错误，引发事故	建立安全阀台账，明确位置信息，在拆卸、检修、校验时保护好标识牌，确保能安装回原位置
11	安全阀超期	安全阀超期是一些使用单位经常发现的问题。安全阀因其通过压缩弹簧等结构元件预先在密封面处施加压力，以及弹簧等结构元件的性能变化等因素会随着使用时间的延续而产生密封面粘结、开启压力偏移等，在规定的时间内必须对其进行校验，以确保安全阀能在规定开启压力下自动开启和关闭，保护压力容器安全运行	①编制年度校验计划，安全阀必须在规定的时间内进行校验，当有异常情况如泄漏、腐蚀、零部件变形、提前起跳、铅封损坏等现象时还应提前校验　②建立安全附件及仪表台账
12	安全阀泄漏	在安全阀泄放管末端检查有介质漏出	查明泄漏原因，更换安全阀或提前校验安全阀
13	安全阀出口侧存在积水（积液）	安全阀出口处存在积水（积液），长期接触安全阀密封面引起密封面腐蚀，大多是由于出口侧泄放管设计安装不合理、堵塞、截止阀阀门关闭等原因所致	对结构不合理的泄放管进行改造（如增加疏水管，或使泄放管出口端低于安全阀出口），确保不发生积水（积液）现象
14	爆破片未定期更换	爆破片有效期一般为2年，大多数使用单位都未按规定定期更换，有相当部分使用单位甚至不知道自己的压力容器上还安装有爆破片	对照压力容器设计文件，确认是否安装有爆破片装置，按爆破片铭牌或相关规定定期更换
15	压力表超期	用于安全防护方面的压力表检定周期不超过6个月	编制年度检定计划，按规期检定压力表，按照计量仪器仪表台账不漏一块压力表
16	压力表表盘方向不便观察，表盘损坏	压力表的安装位置过高或过低，或朝向压力容器观察死角方向，无法正常观察压力表；压力表盘破损、玻璃板掉落、指针缺失等	压力表的安装位置及朝向应当便于操作人员观察和清洗，并且避免受到辐射热、冻结或振动等不利影响。一般情况下，安装高度应与人的视线平齐，约1.5m（对于高压容器，安装高度应高于人的头部）

（续）

序号	常见问题	问题描述及产生原因	整改措施
17	压力表显示压力与实际压力不符	压力表显示压力与实际压力不符，排除其他因素后，确认压力表是否损坏，压力显示偏差是否较大	对损坏的压力表进行更换或修复后，重新进行计量检定
18	压力容器附近现场混乱、堆放杂物	压力容器周围应保持畅通，尤其是安全通道，不能堆放杂物或占用通道堆放材料（装置）	清理杂物，保持压力容器周围畅通、平整
19	液位计显示不灵敏，磁翻板液位计断续显示	液位计显示不连续，存在假液位	按操作工艺定期排空、清洗液位计，定期对磁翻板补磁
20	操作不规范，进料、出料时阀门快开快关，如快开门联锁、不按规定升压或降压	存在野蛮操作现象，不按规定程序对压力容器进行升压、降压操作	严格按操作工艺和流程顺序操作压力容器
21	压力容器接管异常振动，或进出料时振动过大，且未采取有效措施	因设计不当或介质流速异常等原因造成压力容器接管异常振动	接管异常振动时正确查找原因，采取降低介质流速、加装管道固定管卡、在压力容器与接管（动设备）之间安装柔性连接短管等方式消除振动
22	卧式容器滑动端固定死或锈死	卧式压力容器一般都是一个固定鞍座和一个滑动鞍座，防止设备热胀冷缩时引起过大的应力。常见错误做法：①两个鞍座都与设备基础垫板焊接，不能滑动；②滑动端鞍座地脚螺栓锁紧；③使用过程中长条孔被堵死；④设备基础灌浆过程中混凝土或浆料流动到长条孔中	安装时要求压力容器固定端的地脚螺栓两个螺母都锁紧，而滑动端则要求第一个螺母锁紧后倒退一圈，然后将第二个螺母锁紧
23	压力容器特定部位壁厚减薄，如易冲刷部位因介质冲刷造成壁厚减薄，甚至穿孔引起介质泄漏	这种现象一般发生在压力容器的特定部位，如介质的出入口、介质流向改变处等	检查介质出入口的挡板是否完好，采取在介质出入口、介质流向改变处增加防冲板等措施
24	静电接地线脱落或接地电阻值超标	静电接地线脱落；静电接地线与设备连接处锈蚀；静电接地装置安装在基础垫板上，未与设备直接连接	清理静电接地接头，重新安装静电接地装置，检测接地电阻值不大于100Ω

（续）

序号	常见问题	问题描述及产生原因	整改措施
25	非法改装和移装	对主要承压部件私自补焊；随意在容器上设置焊接固定点，使容器承受外部载荷；改变压力容器的支撑部件，在主要承压部件上私自焊接；私自将在用压力容器进行移装而未进行监督检验，使移装容器处于失控状态	对压力容器承压部件的重大修理、改造和移装要按规定办理告知和进行监督检验
26	达到设计使用年限的压力容器未办理使用登记变更	达到压力容器设计使用寿命如果继续使用，应委托有相应检验资质的特种设备检验机构对其进行检验，必要时要求进行安全评估（合于使用评价）；经使用单位主要负责人书面批准，办理使用登记证书变更	使用达到 20 年（没有设计寿命明确规定时）或设计图样（设备铭牌）上设计使用年限时，按规定办理使用登记变更

附　　录

附录 A　压力容器使用单位应建立的安全管理制度示例

A.1　安全管理制度目录

安全管理制度目录

编号	名　　称	页数
SL-01	特种设备安全管理机构和相关人员岗位职责	3
SL-02	特种设备经常性维护保养、定期自行检查和有关记录制度	1
SL-03	特种设备使用登记和定期检验实施管理制度	2
SL-04	特种设备隐患排查治理制度	2
SL-05	特种设备安全管理人员与作业人员管理和培训制度	1
SL-06	特种设备采购、安装、改造、修理和报废等管理制度	3
SL-07	特种设备应急救援管理制度	1
SL-08	特种设备事故报告和处理制度	2
SL-09	高耗能特种设备节能管理制度	2
SL-10	压力容器装置巡检制度	2
SL-11	压力容器档案管理制度	1

A.2　特种设备安全管理机构和相关人员岗位职责（编号：SL-01）

主要负责人和安全管理负责人职责
（编号：SL-01-1）

1. 主要负责人是本单位实际最高管理者，对本单位使用的特种设备安全负总责。

2. 特种设备安全管理负责人（压力容器安全总监），是指本单位管理层中主管特种设备（压力容器）使用安全的管理人员，直接对本单位主要负责人负责。设置安全管理机构的使用单位安全管理负责人（压力容器安全总监），应当取得相应的特种设备安全管理人员资格证书。

3. 安全管理负责人（压力容器安全总监）职责如下：

1）协助主要负责人履行本单位特种设备（压力容器）安全的领导职责，确保本单位特种设备（压力容器）的安全使用。

2）按有关规定要求，落实特种设备（压力容器）安全管理机构的设置、特种设备安全管理人员的配备。

3）组织宣传、贯彻《中华人民共和国特种设备安全法》《特种设备安全监察条例》《特种设备使用管理规则》《固定式压力容器安全技术监察规程》等特种设备（压力容器）有关法律法规和安全技术规范及相关标准。

4）组织制定本单位特种设备（压力容器）安全管理制度，督促落实特种设备（压力容器）使用安全责任制，组织开展特种设备（压力容器）安全合规管理，组织制定《特种设备（压力容器）安全风险管控清单》。

5）落实特种设备（压力容器）安全事故报告义务，采取措施防止事故扩大。

6）组织制定特种设备（压力容器）事故专项应急预案并定期组织应急演练。

7）对压力容器安全员进行安全教育和技术培训，监督、指导压力容器安全员做好相关工作。

8）按照规定组织开展压力容器使用安全风险评价工作，拟定并督促落实压力容器使用安全风险防控措施。

9）对本单位压力容器使用安全管理工作进行检查，分析研判压力容器使用安全管理情况，研究解决日常管控中发现的问题，及时向主要负责人报告有关情况，提出改进措施。

10）接受和配合有关部门开展压力容器安全监督检查、监督检验、定期检验和事故调查等工作，如实提供有关材料。

11）当安全管理员报告特种设备（压力容器）存在事故隐患应当停止使用时，立即做出停止使用特种设备（压力容器）的决定，并且及时报告本单位主要负责人。

12）对压力容器年度检查报告进行审批或者授权安全管理人员审批。

13）履行市场监督管理部门规定和本单位要求的其他压力容器使用安全管理职责。

特种设备（压力容器）安全管理员职责

（编号：SL-01-2）

特种设备（压力容器）安全管理员是指具体负责压力容器使用安全的检查人员。压力容器安全员对压力容器安全总监或单位主要负责人负责。安全管理员的主要职责如下：

1. 按相应安全技术规程要求，建立健全压力容器安全技术档案，办理本单位压力容器使用登记、变更、停用、报废（注销）手续以及落实压力容器去功能化。

2. 组织制定压力容器安全操作规程。

3. 组织对压力容器作业人员进行安全教育和技能培训。

4. 编制压力容器的自行检查和定期检验计划，督促落实压力容器自行检查、定期检验和后续整改等工作。

5. 按照规定报告压力容器事故，参加压力容器事故救援，协助进行事故调查和善后处理。

6. 依据《压力容器安全风险管控清单》对压力容器进行日常巡检，形成《每日压力容器使用安全检查记录》，纠正和制止违章作业行为。

7. 发现压力容器事故隐患，立即进行处理，情况紧急时，可以决定停止使用压力容器及相关的其他特种设备，并且及时报告本单位压力容器安全总监。

8. 纠正和制止压力容器作业人员的违章行为。

9. 组织开展特种设备日常巡视和定期自行检查工作，根据授权或委托对压力容器年度检查报告进行审核批准。

10. 履行市场监督管理部门规定和本单位要求的其他压力容器使用安全管理职责。

特种设备作业人员职责

（编号：SL-01-3）

特种设备作业人员应当取得相应的特种设备作业人员资格证书（固定式压力容器作业人员除快开门式压力容器操作人员应取得 R1 资格证外，其他不需要取得作业人员资格证书，但需经公司特种设备基本知识和安全操作技能培训，并经考核合格），其主要职责如下：

1. 严格执行特种设备有关安全管理制度，并且按照公司特种设备安全操作规程进行操作。

2. 了解、掌握所操作压力容器的最高许用压力和许用极限温度，避免超压超温事故，对生产流程中的介质物理和化学性质有所了解。

3. 掌握压力容器的正常操作方法，包括压力容器的开机、停机操作程序和安全注意事项。

4. 掌握检查和判断压力容器安全附件、安全仪表、安全保护装置、紧固件、阀门等的完好性技术。

5. 按照规定填写作业、交接班等记录。

6. 参加安全教育和技能培训。

7. 进行经常性维护保养，对发现的异常情况及时处理，并且做出记录。

8. 作业过程中发现事故隐患或者其他不安全因素，应当立即采取正确的紧急措施，并且按照规定的程序向特种设备安全管理人员和单位有关负责人报告。

9. 定期参加压力容器专项应急预案演练，掌握相应的应急处置技能。

特种设备档案人员管理职责

（编号：SL-01-4）

1. 档案管理人员要严格遵守公司的组织纪律，保密觉悟性要高，责任心要强。

2. 确保本公司各设备的完好性，资料数据的可追踪性，资料整齐、放置有序。

3. 负责整理、归档各部门移交的各类特种设备安全技术档案。

4. 做好档案借阅登记工作，注明借阅档案的名称、密级、借阅方式、数量、期限。

5. 为需要查阅利用档案的各部门提供档案原件查阅、复印工作，提供文献索引资料。

6. 依据国家统计和有关法律法规，做好本公司档案统计工作。

7. 外借公司特种设备资料需经公司领导批准，并做好借阅记录。

A.3 特种设备经常性维护保养、定期自行检查和有关记录制度 （编号：SL-02）

特种设备经常性维护保养、定期自行检查和有关记录制度

（编号：SL-02）

1. 经常性维护保养

1）使用单位应当根据特种设备的结构、性能、运行特点和使用状况，编制年度维护保养计划，对特种设备进行经常性维护保养。

2）维护保养应当符合相关特种设备安全技术规范和产品使用维护保养说明的要求。对发现的异常情况及时处理，并且做出记录，保证在用特种设备始终处于正常使用状态。

3）应选择具有相应能力的专业化、社会化维护保养单位对特种设备进行维护保养；法律、法规对特种设备维护保养单位有专门资质要求的，公司应当选择具有相应资质的单位实施维护保养。

2. 定期自行检查

1）定期自行检查包括日常检查、专项检查、月度检查、季度检查和年度检查等。

2）为保证特种设备的安全运行，公司应当根据所使用特种设备的类别、品种和特性进行定期自行检查。

3）定期自行检查的时间、内容和要求应当符合有关安全技术规范的规定及产品使用维护保养说明的要求。

4）定期自行检查发现的隐患应及时处理并详细记录，并由公司特种设备安全负责人对处理结果进行确认。

3. 记录管理

开展设备维护保养和自行安全检查，对安全保护装置进行检查确认，应填写好记录，并及时存档。

A.4　特种设备使用登记和定期检验实施管理制度（编号：SL-03）

特种设备使用登记和定期检验实施管理制度

（编号：SL-03）

1. 使用登记

1）严格按照《中华人民共和国特种设备安全法》《特种设备安全监察条例》《特种设备使用管理规则》的规定，向辖区负责特种设备使用登记的部门申报办理特种设备使用登记手续。

2）使用登记包括新增设备注册登记、设备信息变更登记、设备移装登记、设备停用登记和设备报废注销。

3）新增特种设备，应在投用前或投用后30天内（整机出厂的特种设备，应当在投入使用前30日内办理使用登记）到负责特种设备使用登记的部门申报办理特种设备使用登记手续。

4）在设备档案信息变更、设备停用前向负责特种设备使用登记的部门办理变更登记手续。

5）设备移装、报废前应向负责特种设备使用登记的部门办理申报手续，经批准后方可实施移装、报废。

6）在办理特种设备使用登记时，应如实向负责特种设备使用登记的部门提供有关资料和信息。新增使用登记应提交以下资料：

① 使用登记表（一式两份）。

② 含有使用单位统一社会信用代码的证明或者个人身份证明（适用于公民个人所有的特种设备）。

③ 特种设备产品合格证（含产品数据表、车用气瓶安装合格证明）。

④ 特种设备监督检验证明（安全技术规范要求进行使用前首次检验的特种设备，应当提交使用前的首次检验报告）。

7）停用和重新启用：拟停用 1 年以上的，使用单位应封存设备，30 日内向原注册登记机关办理停用手续；重新启用时需持定期检验合格报告向原注册登记机关办理启用手续。

8）使用单位特种设备安全管理机构负责组织实施特种设备使用登记申报办理各项工作。

2. 定期检验

1）严格按照《中华人民共和国特种设备安全法》《特种设备安全监察条例》的规定，在特种设备安全检验有效期满前 1 个月，向特种设备检验机构申报办理特种设备定期检验手续。按期申报定期检验应提交如下资料：

① 特种设备使用登记证或特种设备注册登记表。

② 特种设备竣工验收资料。

③ 上一个周期的特种设备定期检验报告。

④ 特种设备维护保养合同。

⑤ 特种设备定期检验申报表。

2）积极配合负责定期检验的特种设备检验检测机构进行特种设备定期检验检测工作。

3）对定期检验中发现的问题，及时按特种设备检验检测机构的要求进行整改。

4）对定期检验工作存在的争议及时按规定向特种设备检验机构、特种设备安全监管部门等提请仲裁。

5）及时到特种设备检验机构领取特种设备安全定期检验报告和特种设备使用标志。

6）使用单位特种设备安全管理机构负责组织实施特种设备定期检验申报办理各项工作。

A. 5　特种设备隐患排查治理制度（编号：SL-04）

特种设备隐患排查治理制度

（编号：SL-04）

1. 特种设备隐患排查制度

1）特种设备使用单位负责人和安全管理负责人应当定期组织安全管理人员、专业技术人员和其他相关人员进行全面的安全隐患排查，以发现并消除事故隐患。排查内容主要包括：

① 特种设备安全法律、法规、规章、安全技术规范和标准的贯彻执行情况，安全生产责任制、安全管理规章制度、岗位操作规范的建立落实情况。

② 应急（救援）预案制定、演练，应急救援物资、设备的配备、维护和使用方法的培训情况。

③ 特种设备运行状况和日常维护、保养、自行检查、检验、检测情况。

④ 从业人员接受安全教育培训、掌握安全知识和操作技能的情况，作业人员培训考核和持证上岗情况。

⑤ 风险辨识分级管控制度的建设及措施落实情况。

⑥ 其他影响特种设备安全的情况。

2）特种设备使用单位出现下列情况时，应及时进行专项安全隐患排查：

① 与特种设备安全相关的法律、法规、规章、安全技术规范和标准发生变更或公布新的法律、法规、规章、安全技术规范和标准。

② 组织机构发生大的调整。

③ 作业条件、设备设施、工艺技术改变。

④ 发生事故。

⑤ 重大自然灾害、极端天气、重大节假日、大型活动等重要时段。

⑥ 其他应当进行专项安全隐患排查的情形。

2. 特种设备安全隐患登记制度

在检查中，应严格按照特种设备安全隐患排查治理标准要求逐项进行隐患排查，及时发现存在的隐患和不安全因素，并如实填写"特种设备安全隐患排查治理台账"。严格做到发现一处登记一处，整改一处注销一处，确保事故隐患能够得到全过程跟踪。

排查人员负责进行排查信息上报工作。

3. 特种设备安全隐患审核、报告制度

特种设备使用单位各级安全管理机构和人员在对特种设备进行检查时，发现重大违法行为或严重事故隐患时，应当立即采取必要措施，及时向直接负责人报告，并立即向所在地特种设备安全监管部门报告。

4. 特种设备安全隐患整改制度

1）特种设备使用单位发现安全隐患后，应当采取安全措施，并及时组织治理。对一般隐患，单位负责人或者有关人员应立即组织整改。

2）对严重事故隐患，应当按照以下规定处理：

① 根据需要停止使用相关设施、设备，局部停产停业或者全部停产停业。

② 组织专业技术人员、专家或者具有相应资质的专业机构进行风险评估（评价），明确安全隐患的现状、产生原因、危害程度、整改难易程度。

③ 根据隐患的风险评估结果制定治理方案，治理方案应明确治理目标和任务、治理方法和措施、经费和物资保障、责任部门和人员、治理时限和要求、安全措施和应急预案等内容。

④ 落实治理方案，消除安全隐患。

3）对确定为严重事故隐患的，特种设备使用单位应当立即向当地特种设备监管部门报告安全隐患的现状，并及时报送安全隐患的产生原因、危害程度、风险评估（评价）结果和治理方案等。

4）对于已经发现的每项特种设备事故隐患，应当指定部门或人员负责隐患治理工作，投入必要的隐患整治资金，并及时安排时间进行整治。

5. 特种设备安全隐患治理结果确认制度

1）一般隐患整治消除后，有关部门和人员要进行检查确认，并在"特种设备安全隐患排查治理台账"上签字。

2）严重事故隐患治理完毕后应当组织相关技术人员进行验收或评估（评价）。

3）对各级特种设备监管部门检查发现或挂牌督办的严重事故隐患，应当组织验收合格后，报检查或挂牌督办牵头单位备案。

A.6　特种设备安全管理人员与作业人员管理和培训制度（编号：SL-05）

特种设备安全管理人员与作业人员管理和培训制度

（编号：SL-05）

1. 本单位特种设备安全管理机构、安全管理人员、相关作业人员必须认真履行安全生产岗位职责，确保在用特种设备使用安全。

2. 必须对新入职人员进行入厂前的安全教育，了解企业的基本情况和存在危险性的设备（场所）。

3. 对于特种设备作业人员，必须进行专门的安全技术培训，经考核合格后方可上岗。

4. 特种设备作业人员应定期进行公司内部或外部培训，并记录。

5. 公司应建立特种设备作业人员档案和名册。

6. 在采用新方法、添设新技术设备、制造新产品和调换工人工作时，必须对工人进行新操作法和新工作岗位的安全教育。

7. 本单位特种设备安全管理机构应定期组织特种设备安全管理员、现场操作人员以及所有员工进行必要的安全知识教育和培训，一般每半年开展一次。

8. 各下属机构也可根据需要对本机构内的特种设备管理和操作人员进行安全知识教育和培训。

9. 安全知识教育和培训的内容应至少包括以下几个方面：

1）特种设备安全监察及检验检测法律法规、安全技术规范和单位的规章制度。

2）特种设备基本知识、安全管理知识、操作理论知识。

3）特种设备安全操作技术技能。

4）特种设备应急救援和紧急避险知识。

10. 所有员工应严格按要求按时参加各种特种设备安全教育和培训，认真听讲和学习，不断提高自身的特种设备安全管理和操作水平。

A.7 特种设备采购、安装、改造、修理和报废等管理制度（编号：SL-06）

特种设备采购、安装、改造、修理和报废等管理制度

（编号：SL-06）

1. 特种设备的采购

1）凡属特种设备的采购，由公司使用部门提出购置计划，并报本单位领导批准后进行。对于大型设备的采购，必须进行公开招标或邀请招标。

2）在签订合同前，由公司采购部门、安全管理部门、财务部门对其生产厂家的资质进行审查，资质确认后由采购部门负责购买持有国家相应制造许可证的生产单位制造的符合安全技术规范的特种设备。

3）特种设备购进后，使用部门组织公司有关技术人员、采购部门、安全管理部门、财务部门，对设备随机技术资料、外观质量及设备性能进行检查验收，如果发现问题应立即联系制造单位处理。设备进场验收合格后应及时办理入库手续，对于不合格的设备，严禁办理入库。

2. 特种设备的安装

1）特种设备安装前，使用部门应会同安全管理部门、财务部门确定具有相应安装许可资质的单位负责安装工作，并对进场施工人员资质进行把关。

2）施工前，应按照规定向辖区特种设备安全监督管理部门办理开工告知手续。未经告知和批准，不得擅自安装特种设备。

3）安装过程中，特种设备使用部门、安全管理部门应做好安装现场安全管理工作，检查施工单位安全防护措施到位情况，杜绝无证人员进场施工。

4）安装完成后，使用部门应及时通知单位相关部门，以便及时向特种设备检验检测机构申报验收检验。

5）特种设备在投入使用前或者投入使用后 30 日内，由相关部门负责向特种设备使用登记部门办理注册登记。登记标志以及检验合格标志应当置于或者附着于该特种设备的显著位置。

6）投入运行后，使用部门及单位档案室应做好特种设备技术档案归档工作。技术档案应当包括特种设备的设计文件、制造单位、产品质量合格证明、使用维护说明书等文件以及安装技术文件和资料等；特种设备运行管理文件包括特种设备的定期检验和定期自行检查的记录，特种设备的日常使用状况记录（运行记录），特种设备及其安全附件、安全保护装置、测量调控装置及有关附属仪器仪表的日常维护保养记录，特种设备运行故障和事故记录等。

3. 特种设备的改造

1）特种设备改造前，应充分做好论证工作，并委托原设计单位或有相应资质的设计单位进行改造设计。

2）使用部门应会同安全管理部门、财务部门确定具有相应许可资质的单位负责改造工作，并对进场施工人员资质进行把关。

3）施工前，应按照规定向特种设备安全监督管理部门办理开工告知手续。任何部门未经批准，不得擅自改造特种设备。

4）改造过程中，特种设备使用部门、安全管理部门应做好改造现场安全管理工作，检查施工单位安全防护措施到位情况，杜绝无证人员进场施工。

5）改造完成后，使用部门应及时通知单位相关部门，以便及时向特种设备检验检测机构申报验收检验。

6）使用部门及单位档案室应做好特种设备改造过程中相关技术档案归档工作。

4. 特种设备的修理

1）特种设备修理前，应充分做好论证工作，并委托有资质的设计单位进行修理设计。

2）使用部门应会同安全管理部门、财务部门确定具有相应资质的单位负责修理工作，并对进场施工人员资质进行把关。

3）施工前，应按照规定向特种设备安全监督部门办理开工告知手续。任何部门未经批准，不得擅自修理特种设备。

4）修理过程中，特种设备使用部门、安全管理部门应做好修理现场安全管理工作，检查施工单位安全防护措施到位情况，杜绝无证人员进场施工。

5）修理完成后，使用部门应及时通知单位相关部门，以便及时向特种设备检验检测机构申报验收检验。

6）使用部门及单位档案室应做好特种设备修理过程中相关技术档案归档工作。

5. 特种设备的停用和重新启用

1）特种设备拟停用 1 年以上的，应当采取有效的保护措施，并且设置停用标志。

2）在停用后 30 日内填写特种设备停用报废注销登记表，告知登记机关。

3）重新启用时，应当进行检查，到使用登记机关办理启用手续；超过定期检验有效期的，应当按照定期检验的有关要求进行检验。

6. 特种设备的报废

1）对存在严重事故隐患，无改造、修理价值的特种设备，或者达到安全技术规范规定的报废期限的，应当及时予以报废。

2）使用部门应当采取必要措施消除该特种设备的使用功能，并及时通知单位安全和财务部门。

3）特种设备报废时，按台（套）登记的特种设备应当办理报废手续，填写特种设备停用报废注销登记表，向登记机关办理报废手续，并且将使用登记证交回登记机关。

A.8 特种设备应急救援管理制度（编号：SL-07）

特种设备应急救援管理制度

（编号：SL-07）

1. 要求设置特种设备安全管理机构配备专职安全管理员的使用单位，应当制定特种设备事故专项应急预案，并颁布实施，《特种设备事故应急救援预案》根据实际情况及时修订。

2. 单位法人代表是特种设备事故应急救援工作的第一责任人，本单位特种设备安全管理负责人是应急救援工作的组织人，本单位特种设备安全管理机构具体承担特种设备事故应急救援工作。

3. 成立特种设备事故应急救援工作领导小组，安全管理负责人任组长、安全管理机构负责人任副组长、各内设和下属机构负责人为成员。领导小组下设应急救援办公室，安全管理机构负责人任办公室主任、安全管理机构全体工作人员为成员，负责处理日常事务。

4. 成立特种设备事故应急救援队，安全管理机构负责人任队长、全体安全管理员和作业人员为队员，具体负责事故发生后的现场应急救援工作。

5. 事故应急救援体系的构成主要包括：

1）应急救援中心（火警：119；急救：120；报警：110；电梯应急救援平台：96333）。

2）应急救援专家组（各类技术人员）。

3）救援组织等（灭火行动组、设备抢修组、警戒疏散组、人员搜救组、后勤保障组等）。

6. 发生特种设备事故后，本单位特种设备事故应急救援各有关人员务必在第一时间内赶赴现场，组织抢险救灾工作。

7. 单位每年至少进行一次特种设备事故应急救援演练，并形成记录。

8. 其他使用单位可以在综合应急预案中编制特种设备事故应急的内容，适时开展特种设备事故应急演练，并且做出记录。

A.9　特种设备事故报告和处理制度（编号：SL-08）

特种设备事故报告和处理制度

（编号：SL-08）

1. 特种设备事故报告

1）发生特种设备事故后，事故现场有关人员应当立即向事故发生单位负责人报告；事故发生单位的负责人接到报告后，应当于1小时内向事故发生地的县以上特种设备安全监督管理部门和其他政府有关部门报告。

2）情况紧急时，事故现场有关人员可以直接向事故发生地的县以上特种设备安全监督管理部门报告。

3）接到事故报告的特种设备安全监督管理部门，应当尽快核实有关情况，依照《中华人民共和国特种设备安全法》的规定，立即向本级人民政府报告，并逐级报告上级特种设备安全监督管理部门直至国家市场监督管理总局。特种设备安全监督管理部门每级上报的时间不得超过2小时。必要时，可以越级上报事故情况。

4）对于特别重大事故、重大事故，由国家市场监督管理总局报告国务院并通报国务院应急管理等有关部门。对较大事故、一般事故，由接到事故报告的特种设备安全监督管理部门及时通报同级有关部门。

5）报告事故应当包括以下内容：

① 事故发生的时间、地点、单位概况以及特种设备种类。

② 事故发生初步情况，包括事故简要经过、现场破坏情况、已经造成或者可能造成的伤亡和涉险人数、初步估计的直接经济损失、初步确定的事故等级、初步判断的事故原因。

③ 已经采取的措施。

④ 报告人姓名、联系电话。

⑤ 其他有必要报告的情况。

6）报告事故后出现新情况的，以及对事故情况尚未报告清楚的，应当及时逐级续报。

续报内容应当包括事故发生单位详细情况、事故详细经过、设备失效形式和损坏程度、事故伤亡或者涉险人数变化情况、直接经济损失、防止发生次生灾害的应急处置措施和其他有必要报告的情况等。

自事故发生之日起30日内，事故伤亡人数发生变化的，有关单位应当在发生变化的当日及时补报或者续报。

2. 特种设备事故处理

1）事故发生单位的负责人接到事故报告后，应当立即启动事故应急预案，采取有效措施，组织抢救，防止事故扩大，减少人员伤亡和财产损失。

2）特种设备安全监督管理部门接到事故报告后，应当按照特种设备事故应急预案的分工，在当地人民政府的领导下积极组织开展事故应急救援工作。

3）各级特种设备安全监督管理部门应当建立特种设备应急值班制度，向社会公布值班电话，受理事故报告和事故举报。

A.10 高耗能特种设备节能管理制度（编号：SL-09）

高耗能特种设备节能管理制度

（编号：SL-09）

1. 应当严格执行特种设备有关法律、法规、安全技术规范和标准，确保特种设备及其相关系统安全、经济运行。

2. 应当建立健全经济运行、能效计量监控与统计、能效考核等节能管理制度和岗位责任制度。

3. 应当使用符合能效指标要求的特种设备，按照有关特种设备安全技术规范、标准或者出厂文件的要求配备、安装辅机设备和能效监控装置、能源计量器具，并自动记录相关数据。

4. 办理特种设备使用登记时，应当按照有关特种设备安全技术规范的要求，提供（换热压力容器）有关能效证明文件。

5. 高耗能特种设备安全技术档案至少应当包括以下内容：

1）含有设计能效指标的设计文件。

2）能效测试报告。

3）设备经济运行文件和操作说明书。

4）日常运行能效监控记录、能耗状况记录。

5）节能改造技术资料。

6）能效定期检查记录。

6. 应当开展节能教育和培训，提高作业人员的节能意识和操作水平，确保特种设备安全、经济运行。高耗能特种设备的作业人员应当严格执行操作规程和节能管理制度。

7. 锅炉使用单位应当按照特种设备安全技术规范的要求进行锅炉水（介）质处理，接受特种设备检验检测机构实施的水（介）质处理定期检验，保障锅炉安全运行、提高能源利用效率。

8. 锅炉清洗单位应当按照有关特种设备安全技术规范的要求对锅炉进行清洗，接受特种设备检验检测机构实施的锅炉清洗过程监督检验，保证锅炉清洗工作安全有效进行。

9. 高耗能特种设备及其系统的运行能效不符合特种设备安全技术规范等有关规范和标准要求的，使用单位应当分析原因，采取有效措施，实施整改或者节能改造。整改或者改造后仍不符合能效指标要求的，不得继续使用。

10. 对在用国家明令淘汰的高耗能特种设备，使用单位应当在规定的期限内予以改造或者更换。到期未改造或者更换的，不得继续使用。

A.11　压力容器装置巡检制度（编号：SL-10）

压力容器装置巡检制度

（编号：SL-10）

1. 编制目的

为保障特种设备的安全管理落实到位，有效防范事故发生，结合压力容器实际情况，制定压力容器装置巡检制度。

2. 人员职责

1）特种设备安全管理部门及设备管理部门负责制度的落实。

2）压力容器使用部门负责压力容器的日常巡检及记录。

3. 巡检要求

1）压力容器使用部门负责装置检查的专人每个工作日巡检一次，每月全面检查一次，并如实记录。发现问题及时处置，严禁压力容器装置"带病作业""带危作业"。

2）检查压力容器装置外观及涂层、急停按钮、操作开关、电源电线及周围环境是否正常。

3）检查管道连接处有无漏气，阀门是否正常，固定支架是否牢靠，相关部件有无锈蚀，防护装置等部件是否完好。

4）检查压力表是否正常，有无定期检定报告（每半年检定一次）。

5）检查安全阀是否正常，有无月度及每周排放试验记录，有无校验报告（每年校验一次）。

6）检查压力容器设备是否处在定期检验和年度检查有效期内。

7）检查设备运行是否正常，有无异响异状，压力、温度是否处于正常状态，有无鼓胀变形、破裂、锈蚀、漏气等现象。

8）检查设备及附件的维护保养情况是否正常，巡查及维护情况应如实记录在"压力容器日常维护保养记录"表中。

4. 问题处置

1）检查时发现异常后立即报告部门负责人或安全管理部门，同时视情况评估处置。

2）发现超压或罐体及管道破裂漏气等失控的事故迹象时，应在保障自身安全的前提下立即关闭设备，启动应急处置方案，疏散附近人员。

3）发现设备及安全附件及仪表无定期检验（检定/校验）证书或报告，应立即报告相关负责人确认后，立即停止设备运行。

4）如果确认设备及安全附件及仪表未定期检验/检定/校验，在报检并通过检验后再恢复运行。

A.12　压力容器档案管理制度（编号：SL-11）

压力容器档案管理制度

（编号：SL-11）

压力容器安全技术档案的接收、登记、整理、保管、借阅等参照本单位《特种设备技术档案管理制度》执行。

使用单位应当逐台建立特种设备（压力容器）安全技术档案，并且由其管理部门统一保管（管理部门和设备使用地不在同一地址时，使用地至少要保存下述1）、2）、5）~9）项资料的原件或复印件，以便备查）。安全技术档案至少包括以下内容：

1）特种设备使用登记证。

2）特种设备使用登记表。

3）特种设备设计、制造技术资料和文件，包括设计文件、产品质量证明书（含合格证及其数据表、质量证明书）、安装及使用维护保养说明、监督检验证书、型式试验证书等。

4）特种设备安装、改造和修理的方案、图样、材料质量证明书和施工质量证明文件、安装改造修理监督检验报告、验收报告等技术资料。

5）特种设备定期自行检查记录和定期检验报告。

6）特种设备日常使用状况记录。

7）特种设备及其附属仪器仪表维护保养记录。

8）特种设备安全附件和安全保护装置校验、检修、更换记录和有关报告。

9）特种设备运行故障和事故处理报告。

特种设备节能技术档案包括锅炉能效测试报告、高耗能特种设备节能改造技术资料等。

附录 B　压力容器安全操作规程要求及示例

B.1　压力容器安全操作规程要求

压力容器的使用工况比较复杂，其工艺要求也各不一样，各单位应根据自己的特点，并遵守下列基本要求，制定详细的操作规程：

1）压力容器的操作工艺控制指标，包括最高工作压力、最高或最低工作温度、压力及温度波动幅度的控制值、介质成分特别是有腐蚀性的成分控制等。

2）压力容器的岗位操作法，开、停车的操作程序和注意事项。

3）设备运行中日常检查的部位和内容要求。

4）设备运行中可能出现异常现象的判断和处理方法，以及防范措施。

5）压力容器的防腐措施和停用时的维护方法。

6）异常情况的紧急处理措施。

1. 换热容器

1）熟悉掌握热（冷）载体的性质，如热水、蒸汽、碳氢化合物、熔盐、熔融金属、烟道气等，这对安全操作换热容器十分重要。

2）换热容器内流体应尽量采用高流速。这样可以提高传热系数，还可以减少结垢和防止造成局部过热或影响传热。

3）防止结疤、结炭，因此要严格控制温度。对易结疤、结炭的容器要定期清理。

4）定期排放不凝性气体、油污等，以免影响换热效果或造成堵塞。

5）严格控制工艺操作指标。

2. 反应容器

1）熟悉掌握容器内介质特性、反应过程的基本原理及工艺特点。

2）严格控制温度。

① 控制反应热。及时给反应系统散热或加热，保证反应稳定进行。

② 防止搅拌中断。遇有搅拌系统故障时应采取人工搅拌，对供电不正常的应采用双回路供电。

③ 注意投料量、投料速度及投料顺序。严格按工艺要求操作，否则易产生气体介质外溢或爆炸事故。

3）严格控制压力。

① 严格控制投料量、投料速度、投料顺序和反应温度等，以防容器内压力急剧增高。

② 保证安全泄压装置（安全阀、爆破片等）灵敏可靠。

4）杜绝危险杂质的混入。危险杂质的混入可能使容器内产生不正常危险反应，导致燃烧爆炸事故。

5）确保自动控制及操作系统的正常工作。经常对自动控制及操作系统功能检查确认，以发挥其保障容器安全运行的作用。

3. 储存容器

1）严格控制温度、压力。特别是高温季节要注意降温。

2）严格控制液位，防止超装爆炸。

3）对盛装易爆易燃介质的容器，要防止明火、电火花和静电。

4）杜绝容器及管道的泄漏。

4. 分离容器

1）与其他容器相比，相同之处应遵守相应规定。

2）定期排放积存的油或水等，避免阻塞影响分离效果。

3）对过滤介质、滤网等定期清理，提高分离效果。

B. 2　压力容器安全操作规程示例

压力容器安全操作规程

（编号：CGSL-01）

1. 目的及适用范围

为增强压力容器操作人员安全责任意识，提高安全操作技能，掌握压力容器故障处理方法，以及避免事故及不必要伤害的发生，保障员工身体健康、安全，促进企业发展、社会和谐，特制定此操作规程。

本操作规程适用于公司压力容器的安全运行操作管理，特种设备管理人员及容器操作人员需熟练掌握。

2. 压力容器安全操作一般要求

（1）压力容器操作人员必须按国家市场监督管理总局规定取得特种设备作业人员资格证（除快开门式压力容器外，其余压力容器不要求取得作业人员资格证书）后，方可持证操作压力容器，对不需要取得操作人员资格证书的岗位，需定期参加公司内部或外部压力容器作业人员培训并考核合格。

（2）压力容器操作人员要熟悉本岗位工艺流程，以及压力容器的结构、类别、主要技术参数、技术性能及允许运行条件，严格执行操作规程。掌握故障和一般事故的处理技能，认真如实填写压力容器相关记录，及时汇报有关故障和事故情况。

（3）压力容器必须在规定工艺参数下使用，不得超范围使用。

（4）保持压力容器平稳操作和运行。容器开始加压或升温时，速度不宜过快，升温升压要平稳，要防止压力和温度的突然上升。降压或冷却都应缓慢进行，尽量避免操作中压力和温度的频繁和大幅度波动，避免运行中容器温度的突然变化。

（5）严禁压力容器超温、超压运行，发现温度、压力异常时，应及时停机检查，排除故障后方可重新开机。重点监控记录安全附件运行情况，保证其灵敏可靠。

（6）严禁带压拆卸压紧螺栓，维修压力容器时必须停泵、排气卸压后方可进行。带压堵漏或带压密封人员需经专业培训并考核合格。

（7）坚持压力容器运行期间的巡回检查。经常检查压力容器是否外观无鼓包、不变形、不泄漏、无裂纹迹象，发现异常应及时处理；检查接管、紧固件、密封件部位等是否无损坏、泄漏现象。及时发现操作中或设备上出现的人的不安全行为、物的不安全状态，及时采取相应的措施进行调整或消除。检查内容应包括工艺条件、设备状况及安全装置等方面。

（8）安全附件（安全阀、防爆片、紧急切断阀等）和安全仪表（压力表、液位计、温度计等）应齐全，安装正确，定期检查、检验，保证动作灵敏可靠。适时对蒸汽、空气安全阀进行手提排气卸压试验，防止安全阀密封面粘连、堵塞等。

（9）操作人员有权制止非岗位人员操作本岗位的压力容器；对违反岗位责任制、操作规程等合理使用设备的指令，有权拒绝执行；对不遵守操作规程的行为，有权制止和提出批评。

（10）对查出的不安全因素，必须做到"三定"和"三不放过"。"三定"即确定原因、制定整改内容和时间、指定落实整改人员；"三不放过"即整改不落实不放过、整改不完成不放过、无防范措施不放过。

3. 压力容器运行操作要求

（1）压力容器投运。

1）投运前要对压力容器及其工艺装置进行全面检查验收，检查容器及工艺装置的设计、制造、安装、维修改造质量是否符合国家相关法律法规和技术标准规范要求。

2）操作人员要熟悉工艺流程和工艺运行参数，认真检查本岗位压力容器及其安全附件和仪表是否齐全、是否校验（检定、校准）且灵敏、可靠以及操作环境是否符合安全运行的要求，确认正常后，方能投运。

3）开始操作前，应首先检查储气罐、管道、阀门及安全附件是否处于良好状态。

（2）运行中工艺参数控制。

1）压力和温度是压力容器使用过程中的两个主要工艺参数。压力控制的要点是控制其不超过最高工作压力；温度控制的要点是控制其极端工作温度，高温下主要控制最高工作温度，低温下控制最低工作温度。压力容器加载、卸载要平稳并保持运行期间载荷的相对稳定。过高的加载速度会降低材料断裂韧性，可能使存在微小缺陷的容器在压力快速冲击下发生脆性断裂。高温或工作温度在0℃以下的容器，应杜绝骤冷骤热操作以减小容器本体材料的热应力。对要求压力、温度稳定的工艺过程，要防止压力的骤然升降，保证操作工艺参数稳定。

2）要防止介质对容器的腐蚀，必须严格控制介质的成分、流速、温度、水分及pH等工艺指标，减小腐蚀速度，延长使用寿命。

3）工艺上要求间断操作的容器，要尽量做到压力、温度平稳升降，同时尽量避免突然停车及不必要的频繁加压和泄压。

4. 压力容器运行检查

（1）工艺条件方面的检查。主要检查操作压力、操作温度、液位是否在安全操作规程规定的范围内；检查工作介质的化学成分是否符合要求。

（2）容器本体及运行状况检查。坚持压力容器日巡检制度，储气罐每日至少排水一次，及时发现不正常状态，并采取相应措施调整和排除。

随时检查压力容器及相关管道和附件，及时处理"跑、冒、漏"现象。主要做如下检查：

1）容器本体裂纹、过热、变形、泄漏、渗漏、损伤情况；容器有无明显的变形、鼓包。

2）容器外表面腐蚀以及异常结霜、结露情况。

3）防腐、绝热情况。

4）容器与相邻管道、构件间异常振动、响声、摩擦、机械损伤情况。

5）基础沉降、地脚螺栓、支承、支座情况；疏水、排放、排污装置情况。

6）容器接地装置情况等。

（3）安全附件和仪表检查。主要检查安全阀、紧急切断阀、压力表、液位计、爆破片、测温仪表、快开门联锁等以及与安全相关的流量计、装卸软管、装卸阀门等是否保持可靠有效状态。

每月应对安全阀进行全面检查。手动排气以防安全阀阀芯与阀座粘死卡死。安全阀每年至少校验一次。发现下列情况时，必须及时更换安全阀：

1）安全阀的阀芯和阀座密封不严且无法修复。

2）安全阀的阀芯和阀座粘死或弹簧严重腐蚀、生锈。

压力表至少每年交计量部门校验一次。保持压力表洁净，随时注意压力表的工作情况。有下列情况时，及时更换压力表：

1）无压力时，指针不能归零。

2）表盘玻璃破裂或表盘刻度模糊不清。

3）封印损坏或超过校验有效期。

4）压力表指针松动或断裂。

5）有其他影响压力表准确指示的缺陷。

5. 压力容器停运操作要求

（1）由于容器及设备要进行定期检验、检修、技术改造，或因原料、能源供应不及时，或因容器本身要求采用间歇式操作工艺的方法等正常原因而停止运行，属正常停止运行。

（2）为保证操作人员能安全合理地执行停运操作，保证容器设备、管线、仪表等不受损坏，应编制停运方案，包括停运周期、容器及设备内剩余物料的处理、停运检修等内容。

（3）对于高温下工作的压力容器，应控制降温速度，因为急剧降温使容器壳壁产生疲劳现象和较大的材料内应力，严重时会使容器产生裂纹、变形、零件松脱、连接部位发生泄露等现象，以致造成重大事故；对于贮存液化气体的容器，必须先降温，才能实施降压；停工阶段的操作应更加严格、准确无误；开关阀门操作动作要缓慢、操作顺序要正确；应清除容器内的残留物料；停工操作期间，容器周围应杜绝一切火源。

（4）压力容器运行中遇到下列情况时应立即停运：

1）容器的工作压力、介质温度或器壁温度超过许用值，采取措施仍不能得到有效控制。

2）容器的主要承压部件出现裂纹、鼓包、变形、泄漏等危及安全的缺陷。

3）容器的安全装置失效，连接管断裂，紧固件损坏，难以保证正常运行。

4）发生火灾，直接威胁到容器的安全运行。

5）容器液位失去控制，采取措施仍不能得到有效控制。

6）高压容器的信号孔或检漏孔泄漏。

（5）压力容器运行过程中需紧急停止运行时，操作人员应立即采取措施。首先，迅速切断电源，使向容器内输送物料的运转设备停止运行，同时联系有关岗位停止向容器内输送物料；然后，迅速打开出口阀，泄放容器内的气体或其他物料，使容器压力降低，必要时打开放空阀，把气体排入大气中。

6. 压力容器使用交接班

（1）接班人员应按照规定班次和规定时间，提前到压力容器房做好交接班前的准备工作，并详细了解上班压力容器的运行情况。

（2）交班者应提前做好准备，保持压力容器以及其他方面均正常并做好清洁工作。

（3）交接班工作应在压力容器现场进行。对交接压力容器运行情况及发现的缺陷、安全附件和附属设备情况、阀门开关及供气情况、工具设备等，交班人员应引导接班人员逐项共同检查，如果当班发生事故，且尚未处理完毕，交班人员处理完毕后方可离去。

（4）在交班时，如果接班人员没有到达现场，交班人员不得擅自离开工作岗位。

（5）压力容器交接班"四交"和"四不交"。

1）"四交"是：

① 压力容器安全附件灵敏可靠。

② 压力容器附件和设备无异常。

③ 运行记录齐全、正确，备件、工具齐全、无损坏。

④ 压力容器房整洁，达到文明生产标准。

2）"四不交"是：

① 不交给喝酒或有重病不宜操作容器的人员。

② 在事故中不进行交接。

③ 接班人员未到时，不交给其他无证的非正式容器操作人员。

④ 压力容器本体和附属设备出现异常现象时不交。

（6）交接班时，交班人员应将有关运行等方面的通知和指令告知接班人员。交接的内容和存在问题应认真记入运行记录和交接班记录并签字。交接班完成后发现的设备运行问题，原则上由接班人员负责处理。

7. 压力容器维护保养

压力容器的维护保养坚持"预防为主"和"日常维护与计划检修相结合"的原则，做到正确使用、精心维护与坚持日常保养，保证其长周期、安全、稳定运行。

（1）压力容器完好标准如下：

1）设备本体质量良好，运行正常。

2）安全附件质量良好且完备有效。

（2）压力容器运行期间的维护和保养如下：

1）保持压力容器防腐、绝热层完好，延缓设备锈蚀，减少能耗损失。

2）检查与压力容器相连接的管道法兰总成紧固密封状况，防止"跑、冒、滴、漏"。

3）严格执行特种设备法律法规，及时申报压力容器定期检验。安全附件定期校验，发现安全指示不准确或不灵敏时，应及时检修和更换。压力容器安全附件不得任意拆卸或封闭不用。

4）尽量减少或消除压力容器与其相关联设备、管道的振动。

（3）容器停用期间的维护保养如下：

1）停止运行尤其是长期停用的容器，一定要将其内部介质排除干净。要注意防止容器的"死角"内积存腐蚀性介质。

2）要经常保持容器的干燥和清洁，并保持容器周围环境的干燥。

3）保持容器外表面的防腐漆等完整无损。要注意保温层下和支座处的防腐。

8. 压力容器异常状况及紧急措施

压力容器有下列异常情况之一时，操作人员应当立即采取应急专项措施，并且按照规定的程序，及时向公司安全管理部门和特种设备安全管理人员报告：

1）工作压力、工作温度超过规定值，采取措施仍不能得到有效控制的。

2）受压元件发生裂缝、异常形变、泄漏、衬里层失效等危及安全的。

3）安全附件失灵、损坏等不能起到安全保护作用的。

4）垫片、紧固件损坏，难以保证安全运行的。

5）发生火灾等直接威胁到压力容器安全运行的。

6）液位异常，采取措施仍不能得到有效控制的。

7）压力容器与管道发生严重振动，危及安全运行的。

8）与压力容器相连的管道出现泄漏，危及安全运行的。

9）真空绝热压力容器外壁局部存在严重结冰、工作压力明显上升的。

10）其他异常情况的。

使用单位发生压力容器事故，应当立即采取紧急措施，按照《特种设备应急救援管理制度》的要求，防止事故扩大；并且按照《特种设备事故报告和处理制度》的要求，向有关部门报告，同时协助事故调查和做好善后处理工作。

附录 C 压力容器使用单位常用记录推荐表格模板

表 C-1 常用记录推荐表格名称

序号	文件编号	表格名称	备注
1	FB-01	×××市×××区××公司特种设备台账	
2	FB-02	安全附件及仪表校验、修理和更换记录	
3	FB-03	压力容器定期（月度）自行检查记录	
4	FB-04	压力容器定期安全检查记录	
5	FB-05	压力容器年度检查记录	
6	FB-06	压力容器年度检查报告	
7	FB-07	压力容器运行记录	
8	FB-08	压力容器日常维护保养记录	
9	FB-09	爆破片安全装置定期检查、维护及更换记录	
10	FB-10	压力容器事故、故障情况记录	
11	FB-11	压力容器专项应急预案演练记录	
12	FB-12	装卸软管耐压试验记录	
13	FB-13	压力容器异常情况处理记录	
14	FB-14	特种设备安全技术档案材料清单	
15	FB-15	压力容器故障及常见事故应急处理措施	

其中"压力容器年度检查记录"和"压力容器年度检查报告"在第 3 章 3.2 节和 3.3 节已给出模板和详细填写说明，这里不再重复。

表 C-2　×××市×××区××公司特种设备台账

文件编号：FB-01　　　　　　　　　　　　　　　　　　　　　　　　　　　　　　记录编号：

序号	设备登记代码	设备状态	内部编号	安全管理人员	设备使用地点	设备名称	设备型号	制造单位	出厂编号	检验日期	下次检验日期
1											
2											
3											
4											
5											
6											
7											
8											
9											
10											

制表：　　　　　　　　　　　　　　　　　　　　　　　　　　　　　　审核：

文件编号：FB-02

表 C-3 安全附件及仪表校验、修理和更换记录

记录编号：

序号	压力容器名称及编号	安全附件和仪表名称	校验、检修、更换日期及内容	备注
1				
2				
3				
4				
5				
6				
7				
8				
9				
10				

记录人：　　　　　　　　　　　　审核：

表 C-4　压力容器定期（月度）自行检查记录

文件编号：FB-03　　　　　　　　　　　　　　记录编号：

序号	检查项目与内容		检查结果	备注
1	容器本体	铭牌、漆色、标志和使用登记证编号的标注		
2		本体接口（阀门、管路）部位、焊接接头缺陷情况		
3		外表面腐蚀、结霜、结露情况		
4		隔热层		
5		检漏孔、信号孔		
6		压力容器与相邻管道或者构件间异常振动、响声或者相互摩擦情况		
7		支撑或者支座、基础、紧固螺栓		
8		排放（疏水、排污）装置		
9		接地装置（罐体有接地装置的）		
10	安全附件	安全阀		
11		爆破片装置		
12		安全联锁装置（快开门式压力容器）		
13		紧急切断装置		
14	仪器仪表	压力表		
15		液位计		
16		测温仪表		
17	其他情况	装卸附件		
18		其他安全保护装置		
19		测量调控装置		
20		各密封面		
21		其他异常情况		
检查人			审核人	

注：检查结果正常的打"√"；不正常的打"×"，并在备注栏里描述情况；无此项的打"—"。

139

表 C-5 压力容器定期安全检查记录

文件编号：FB-04   记录编号：

设备名称		规格型号		设备地点		设备编号	
检查项目	检查内容			检查结果	检查意见		备注
环境	场地内无阻碍容器操作的障碍物						
	卫生保持清洁						
	容器与周围设备装置保持安全间距						
容器本体及主要零部件	安全阀、防爆片在有效期内，运行良好						
	压力表、温度计在有效期内，显示正常						
	液位计显示正常						
	容器外观良好，无裂纹、鼓包或凹陷						
	容器各连接处无泄漏						
	各连接阀门开关状态有效，标识牌完好						
	容器本体固定稳当，无倾斜						
相关装置情况	进出口管道无堵塞						
	进出口阀件完好						
	容器防腐层完好						
	容器支座（架）可靠						
	容器进出口处与其他部件连接可靠						
	排污装置运行稳定						
安全防护	安全防护装置、劳保用品齐全						
	应急救援装备配置完整						
	有明显安全警示标志						
运行参数	压力、温度、流量等运行工艺参数在允许范围内						
	二次仪表数据与压力表、温度计等一致						
其他							
检查意见	检查人：						
审核意见	负责人：						
整改结果确认	确认人：						

表 C-6　压力容器年度检查报告

文件编号：FB-06　　　　　　　　　　　　　　　　　报告编号：

设备名称		容器类别	
使用登记证编号		单位内编号	
使用单位名称			
设备使用地点			
安全管理人员		联系电话	
安全状况等级		下次定期检查日期	

检查依据	《固定式压力容器安全技术监察规程》（TSG 21—2016）			
问题及其处理	检查发现的缺陷位置、性质、程度及处理意见（必要时附图或者附页）			
检查结论	（符合要求、基本符合要求、不符合要求）	允许（监控）使用参数		
		压力	MPa	温度	℃
		介质			
	下次年度检查日期：　　　　　　　　年　　　月			
说明	（监控运行需要解决的问题及完成期限）			
检查：　　　　　　　日期：		（检查单位检查专用章或公章）		

表 C-7 压力容器运行记录

文件编号：FB-07   记录编号：

容器编号	启停时间	工作压力	工作温度	介质流量/储量	异常情况记录	备注

操作人员（签字）：   审核人员：

文件编号：FB-08

表 C-8　压力容器日常维护保养记录

记录编号：

序号	容器名称	容器编号	维护保养内容								备注
			容器本体 残液清理、外观检查、破损处修补	压力表 表盘清洁、坏表更换	安全阀 起跳校验、泄放管清理	液位计 表面清洁、浮子复位	操作平台 清洁、加固、去锈刷漆	排污阀门 转动灵活有效	零部件 完好、缺件更换	安全保护装置 有效、灵敏	其他	

保养人：　　　　　　　　　　　　审核人：

文件编号：FB-09

表C-9 爆破片安全装置定期检查、维护及更换记录

记录编号：

位号：		规格型号：		出厂编号：		安装位置：	
最小爆破压力		工作压力		工作温度		安装日期	
介质腐蚀性		介质毒性		介质可燃性		上次检查日期	
安装位置		泄放管及固定		是否安全阀组合使用		是否安装有截止阀	

序号	检查项目	检查记录	检查结果	序号	检查项目	检查记录	检查结果
1	检查爆破片装置的安装方向是否正确			8	长时间停工（超过6个月）再次投入使用的设备		
2	核实铭牌上爆破压力和爆破温度是否符合运行要求			9	检查排放接管是否畅通		
3	检查爆破片外表面有无损伤、腐蚀、变形、异物黏附，有无泄漏等情况			10	检查排放管支撑是否固定牢固		
4	设备运行中有无出现超过最小爆破压力而未爆破的情况			11	检查排放管是否有腐蚀		
5	设备运行中有无使用温度超过爆破装置材料允许使用温度范围的情况			12	带刀架夹持器的刀片是否有损伤或者刀口变钝		
6	爆破片是否拆卸过（将爆破片与夹持装置是否拆卸过）			13	爆破片与设备间截止阀是否完全打开		
7	爆破片与安全阀串联时，确认是否有泄漏 压力指示报警装置，确认是否有泄漏			14	爆破片与设备之间截止阀铅封是否完好		

检查人：　　　　　　　　检查日期：　　　　　　　　负责人：

注：1. 依据特种设备安全技术规范 TSG ZF003—2011《爆破片装置安全技术监察规程》。

2. 爆破片装置定期检查周期可根据检查出相应的规定，但是定期检查周期最长不超过1年。

3. 当检查时发现带 * 项存在问题时，应对爆破片进行更换。

4. 爆破片更换周期应根据设备使用年限等因素，介质性质等具体影响因素，或者设计预期使用年限合理确定，一般情况下爆破片装置更换周期为2至3年。对于腐蚀性、毒性介质以及苛刻条件下使用的爆破片装置应当缩短更换周期。对因现场条件限制，无法进行定期检查的，建议按定期检查的最长周期（即1年）进行更换。

5. 爆破片更换时，应当对夹持器件相应的清洗和检查，如果出现夹持器变形、裂纹或者有较大面积腐蚀或夹持器密封面频环及其他影响爆破片正常安装或者正常工作的问题等情况时，应当将夹持器送交原制造单位进行维修或报废处理。

表 C-10　压力容器事故、故障情况记录

文件编号：FB-10　　　　　　　　　　　　　　　　　　记录编号：

设备名称	规格型号	设备地址	出厂编号	单位内部编号	使用日期	使用状态	使用证编号

事故、故障情况记录

日期	事故/故障情况	记录人	备注

表 C-11　压力容器专项应急预案演练记录

文件编号：FB-11

记录编号：

演练方案名称	
演练地点	
开始时间	结束时间
参演单位	

参加演练人员（签名）：

演练记录：

记录人：　　年　月　日

演练总结及评价（含对演练方案的评价）：

总结及讲评人：　　年　月　日

表 C-12　装卸软管耐压试验记录

文件编号：FB-12

（××××年度）

记录编号：

试验日期	试验设备	软管名称	型号类别	生产厂家	出厂日期	启用日期	环境温度/℃	工作压力/MPa	试验压力/MPa	保压时间/min	检查实况	试验结论意见	试验人员签字
备注	1. 按规定本试验项目每半年做一次，每次对液相软管、气相软管分别进行试验。 2. 每次试验均应认真做好记录，如："环境温度"是指试验当时的环境温度；"工作压力"是指试验软管的出厂合格证上标注的工作压力；"试验压力"是指试验时的实际压力；"保压时间"是指打压后保压时间，管体与连接处有无泄漏、管体有无变形，如实记录；"试验结论意见"是对试验后的软管是继续使用还是报废更新提出明确意见。												

147

表 C-13 压力容器异常情况处理记录

文件编号：FB-13   记录编号：

序号	时间	设备名称及编号	异常情况描述	发生原因	异常情况处理	备注
记录人				审核人		

表 C-14　特种设备安全技术档案材料清单

文件编号：FB-14　　　　　　　　　　　　　　　　　　　档案号：

设备名称：　　　　　　　　　　　　　　　　　　　　　设备编号：

序号	类别	材料名称	备注
1		特种设备使用登记证（复印件）、使用登记表	
2	设计文件	设计图样	
		强度计算书（应力分析报告）	
		风险评估报告	
		安全泄放量、安全阀排量和爆破片泄放面积计算书	
		设计或安装、使用说明书	
3	制造技术文件	竣工图样	
		产品合格证	
		产品质量证明文件	
		产品铭牌的拓印件	
		安全附件合格证	
		安装及使用维护保养说明	
4		特种设备制造、改造与重大修理、进口监督检验证书	
5		安装修理改造技术文件和资料	
6	使用资料	特种设备年度检查和定期检验报告等	
7		安全附件校验、检定证书	
8		日常运行记录	
9		有关事故的记录资料和处理报告	
10		其他，如设备停用、缓检的相关申报批准等资料	

表 C-15 压力容器故障及常见事故应急处理措施

文件编号：FB-15　　　　　　　　　　　　　　　　　记录编号：

序号	故障或事故情况	处理方式	预防措施
1	超压	方法和步骤： （1）压力容器操作人员根据具体操作方案，操作相应阀门及排放装置，将压力降到允许范围内 （2）立即通知工艺运行、设备管理部门查明原因，消除隐患 （3）超压情况可能会影响相关设备安全使用，应立即降压，直至停车 （4）检查超压所涉及的受压元件、安全附件是否正常 （5）修理或更换受损部件 （6）详细记录超压情况，以及受损部件的修理、更换情况	
2	超温	方法和步骤： （1）压力容器操作人员根据具体操作方案，立即操作相应阀门，打开喷淋装置将温度降到允许范围内 （2）立即通知工艺运行、设备管理部门查明原因，消除隐患 （3）超温情况可能会影响相关设备安全使用，应立即降温、降压，直至停车 （4）检查超温所涉及的受压元件、安全附件的外观、变形等安全状况 （5）修理或更换受损部件 （6）详细记录超温情况，以及受损部件的修理、更换情况	（1）遵守工艺纪律，严格按照压力容器系统的工艺规程进行操作 （2）加强巡查，注意观察、记录相关仪表的显示 （3）加强工艺操作人员的培训，熟悉掌握工艺流程、操作规程和应急预案
3	异常声响	方法和步骤： （1）压力容器操作人员立即观察设备压力、温度等运行参数是否正常 （2）立即通知工艺运行、设备管理部门查明原因 （3）原因不明立即降压，直至停车 （4）检查异常响声所涉及的受压元件、安全附件的外观、变形等安全状况 （5）修理或更换受损部件 （6）详细记录产生异常声响的情况，以及受损部件的修理、更换情况	

（续）

序号	故障或事故情况	处理方式	预防措施
4	异常变形	方法和步骤： （1）压力容器操作人员根据具体应急预案，操作相应阀门，立即降压停车 （2）通知工艺运行、设备管理部门查明原因 （3）对变形部位进行检查 （4）修理或更换变形受损部件 （5）详细记录产生异常变形的情况，以及受损部件的修理、更换情况	（1）遵守工艺纪律，严格按照压力容器系统的工艺规程进行操作 （2）加强巡查，注意观察、记录相关仪表的显示 （3）加强工艺操作人员的培训，熟悉掌握工艺流程、操作规程和应急预案 （4）认真做好压力容器年度检查，加强平时巡查，记录容器及受压部件的变形等情况，及时发现问题，消除隐患
5	泄漏	方法和步骤： （1）压力容器操作人员根据具体应急预案，操作相应阀门，立即降压停车 （2）通知应急救援队伍、设备管理部门、工艺运行部门 （3）撤离现场无关人员，如果有人员受伤应立即拨打120急救电话，救助伤员 （4）切断受影响电源，做好消防和防毒准备，防止泄漏的易燃易爆介质爆炸 （5）封闭泄漏现场，将泄漏设备与周围相连的系统断开 （6）堵塞泄漏部位，将设备内介质倒入备用容器 （7）通知当地特种设备安全监察机构、检验机构 （8）查明泄漏原因，修理、更换受损部件 （9）详细记录泄漏情况，以及受损部件的修理、更换情况 （10）应注意泄漏物质对环境的影响，妥善处理或者排放，重大泄漏应及时向公众公布，必要时做好疏散工作	
6	异常振动	方法和步骤： （1）压力容器操作人员根据具体应急预案，确认振动源，并予以消除 （2）有可能造成设备损伤的，应停车检测	（1）严格遵守工艺纪律，避免操作参数的异常波动 （2）加强巡检，检查管道系统支吊件完好程度等情况，及时发现问题，消除隐患

151

附录 D　固定式压力容器专项应急预案示例

＊＊＊＊＊＊＊＊公司

固定式压力容器专项应急预案

编制单位：＊＊＊＊＊＊＊＊公司

发布日期：2022 年 10 月 20 日

颁布令

公司各部门、车间：

　　根据《特种设备事故应急预案编制导则》（GB/T 33942—2017），结合实际编制了公司《固定式压力容器专项应急预案》，经公司通过，现予以发布，自即日起实施。要求各部门、车间认真学习并按要求定期组织应急演练。

总经理：

批准日期：2022 年 10 月 20 日

1 事故风险描述

1.1 压力容器概况

公司主要压力容器的名称、种类、数量及特点等描述。

1.2 事故类别

1.2.1 烫伤

盛装高温介质压力容器或人员操作不当发生烫伤事故，如排污或冲洗液位计时人员操作不当或未戴防护用具被高温介质烫伤等。

1.2.2 爆炸

压力容器在使用中因各种原因发生破裂，致使压力容器瞬间降至外界大气压而发生的事故。

1.2.3 中毒（窒息）

压力容器盛装的有毒介质或窒息性介质泄漏，介质大量涌出，造成人员中毒或窒息死亡。

1.3 危险性分析

压力容器基本安全问题主要是失效问题，主要失效模式为爆炸、断裂、泄漏、过量变形、表面损伤和金属损伤及材料性能退化。

1）设备严重故障、运行人员松懈麻痹和误操作，可能造成压力容器鼓包变形、严重腐蚀、超压、安全附件失效等。如果处理不当，就会造成压力容器爆炸事故。

2）各类压力容器由于安全附件失效或过载运行，或由于金属材料疲劳、蠕变出现裂缝，均有发生爆炸和爆破的危险性。

3）因检查维修出现问题而造成事故。

4）操作不当，违章违纪蛮干，不良操作习惯，判断操作失误，指挥信号不明确，安全意识差和操作技能低下时引发事故。

5）超过安全极限或卫生标准的不良环境，如在高温、高湿、低温、高噪声、大风天、照明不良等环境下从事起重作业，将分散注意力，直接影响作业人员的反应能力、技术发挥的稳定性。

1.4 应急处置基本原则

1）以人为本、挽救生命的原则。应急救援工作要首先抢救受伤和遇险人员，最大限度地减少事故灾难造成的人员伤亡和危害。

2）统一指挥、先期处置的原则。应急救援必须在指挥部的统一指挥下进行，避免盲目采取行动而影响事故救援工作的开展和造成事故的扩大。

3）安全抢救、制止事态扩大的原则。切实加强应急救援人员的安全防护，防止在抢救过程中发生事故，防止事故扩大。

4）统一指挥、及时汇报的原则。对抢救进展、现场变化情况，现场人员及时通过电话等方式向办公室（安全部门）汇报，以便指挥部及时掌握动态，正确指挥。

2　组织机构及职责

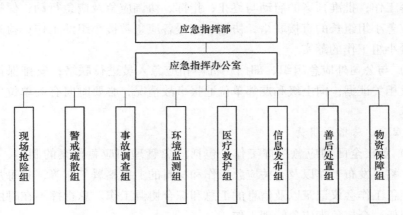

2.1　应急组织体系

2.1.1　公司应急指挥部

总指挥：总经理、书记。

副总指挥：分管安全副总经理（常务），分管工艺、设备副总经理，及其他分管部门副总经理。

指挥部成员：各职能处室、车间主任。

2.1.2　应急指挥办公室

应急指挥部下设办公室，办公室设在总调度室，总调度长任办公室主任。办公室在应急指挥部的直接领导下，全面负责日常业务、组织协调工作，完成指挥部交办的各项任务。

2.2　指挥机构及职责

2.2.1　应急指挥部职责

总指挥由总经理担任（总经理外出，由副总经理担任），副总指挥由分管安全的副总经理担任。具体职责如下：

1）研究和部署公司应急管理工作宏观规划及重要工作安排，确定处置公司突发事故的决策和指导意见。

2）综合协调公司应急管理体系建设中的重大问题，统一组织、协调、指导、检查公司突发事故或事件的应对工作。

3）按规定配备应急救援人员，配备必要的防护装备及器材、设备、物资，并保证其完好；组织编制公司各类应急资源分布图。

4）组织公司各级预案的制定和修订，并定期组织演练和培训。

5）负责事故预防预警、信息报送、应急响应、事后调查和评估以及新闻发布等工作；批准预案的启动与终止；指挥、协调应急及应急行动；保持与现场各应急小组组长的直接联络，协调、支援各应急救援小组的工作；检查各应急救援小组工作的落实。

6）与公司外应急组织、部门、机构和应急人员进行联络；安排保护事故现场及相关证据；向上级和友邻单位通报事故情况，必要时向有关单位发出救援请求。

2.2.2 总指挥职责

1）负责全面的应急指挥工作，包括应急管理和应急预案的制定、修订、审核、签署发布工作以及有关应急工作和材料的上报签署工作等，并每月组织有关应急工作会议记录以及信息的汇总和综合协调工作。总指挥不在时由副总指挥担任，全权负责应急管理工作。

2）督促检查有关部门定期组织预案的培训和演练，及时总结经验，提出改进意见，并予以考核；负责应急机构人员、资源的有效配置和调动。

3）发生事故时根据预案的级别决定启动与终止；指挥、协调执行机构按照预案程序开展各项应急行动，确定联络信号，始终保持与执行机构的直接联络；向上级汇报和友邻通报事故情况，对周边可能受到侵害的单位及时指导撤离危险区域；与公司外检测、医疗等机构保持联络，随时发出救援请求；安排保护事故现场及相关证据。

4）组织事故调查，落实事故信息上报工作；总结应急救援经验教训，尽快组织恢复生产。

2.2.3 副总指挥职责

协助总指挥进行应急救援具体指挥工作，当总指挥不在时，由副总指挥代替总指挥负责指挥应急救援工作。

1）指挥和协调事故现场抢险、救援。

2）现场事故现状评估。

3）向总指挥提出应采取的减缓事故后果行动的对策和建议。

4）保证公司人员和公众的应急反应行动得以执行。

5）控制紧急情况。

6）现场应急行动与应急指挥中心的联系。

2.2.4　应急指挥办公室职责

1）每月组织一次有关应急工作会议，可与安全生产会议合并，及时记录会议内容和相关的信息，做出考核并按时归档。

2）按时参加每年的应急培训和应急演练并对培训和演练效果及时进行评审，做到持续改进。

3）按照指挥部的指令安全指挥、处置生产系统的开停车工作，对事故现场实施全面分工协调工作；负责事故现场所有信息的收集、汇报、传达等工作。

4）按照事故情况，及时清点现场当班人员数量和有关人员信息，尽快组织现场所有人员向事故上风向撤离、隔离受伤人员，并立即向指挥部汇报现场救援情况，必要时提出援助请求。

5）针对不同的事故及救援情况，及时总结救援的经验和教训，尽快恢复生产。

6）协调、支援各应急救援小组的工作，检查各应急救援小组工作的落实。

2.2.5　应急小组（指挥体系）组成

名称	应急救援小组名称	组长	负责部门	组成人员
应急指挥体系	现场抢险组			
	警戒疏散组			
	事故调查组			
	环境监测组			
	医疗救护组			
	信息发布组			
	物资保障组			
	善后处置组			

2.2.6　现场抢险组职责

1）在接到指挥部的通知后按照职责和专业特点穿戴好个人劳动防护用品立即赶赴事发现场。按照指挥部的指示和指令，开展应急救援活动。

2）事故车间负责切断系统阀门或局部断、送电，启动水喷淋，第一时间组织自救。

3）公司职工（消防防护人员）协助事故车间抢救伤员、组织救援和灭火，灭火工作应根据生产工艺系统和介质特点，并在有关技术人员的指导下进行；抢险人员可利用担架等救援器材将受伤人员迅速转移到安全位置。

4）车间抢修人员对事故设备或管道等泄漏源、泄漏点进行堵漏，堵漏必须制定实施方案，并在安全管理人员的指导下进行。

2.2.7 警戒疏散组职责

1）接到指挥部或调度联络组的通知后，穿戴好个人劳动防护用品立即赶赴事故现场，根据风向、事故特点和泄漏物危害特性疏散现场人员。

2）确定管制道路，设立醒目的警戒区域，禁止与事故无关的车辆和行人通行，并对出入现场的人员进行登记，同时及时向上级汇报警戒情况。

3）协助事故调查，事故调查结束后，在接到指挥部指令后及时撤销警戒。

2.2.8 医疗救护组职责

1）参加日常的应急学习和演练。

2）负责对医疗救护器材提出配备、采购计划，并负责日常的检查和保管。

3）负责事故应急时伤员的医疗、抢救及护送等工作，并协助护送到有协作关系的医疗单位进行救治。

4）针对不同的事故及抢救情况，及时总结救援过程的经验和教训，为安全迅速救护受伤人员提供保障。

2.2.9 信息发布组职责

1）负责联系新闻媒体，进行现场情况的报道和对外新闻发布工作，确保报道内容的客观、真实。

2）受指挥部委托及时准确向新闻媒体通报事故信息，负责与政府各部门的沟通协调。

3）协助事故调查，总结经验教训。

2.2.10 物资保障组职责

1）负责应急物资、器材的计划、采购、配备、日常检查和保管，以及物资运输。

2）每年按时参加应急管理和预案的培训和演练，并对培训和演练效果进行评审和改进。

3）针对不同事故的物资保障供应，及时总结并记录全过程物资保障供应的经验和教训，确保物资保障、供应有效。

2.2.11 事故调查组职责

事故调查组由公司各职能部门安全管理人员、专业技术人员及相关车间人员组成。

1）配合上级特种设备安全监管部门对事故进行分析、调查。

2）组织对事故的分析、调查，出具事故分析报告。

3）根据处理意见对相关责任进行责任追究。

2.2.12　环境监测组

1）负责事故中心区域、波及区域及影响区域内环境的检测，测定事故危害区域，及时确定并通报危险、危害程度和范围。

2）负责抢险过程中的洗消工作（在危险区与安全区的交界处设立洗消站；洗消污水的排放必须经过检测，以防造成次生灾害）。

2.2.13　善后处置组

1）负责事故中伤亡人员的安置、抚恤工作，做好善后处置工作。

2）配合医疗救护组做好伤亡人员的登记、统计工作。

3　处置程序

3.1　事故响应分级与条件

公司应急响应分为三级：三级响应、二级响应、一级响应。一级响应为公司最高响应级别。

（1）三级（车间级）应急响应

发生较轻突发事件时，处于现场控制能力范围内，未波及其他部门和场所，公司某个部门（班组）可利用正常的资源处理的紧急情况。

（2）二级（公司级）应急响应

事件超出现场的控制能力范围，或可能波及其他部门或整个公司，但尚处于公司可控状态，未波及公司外，必须利用公司的一切可利用的人力、物力、财力等各种资源的紧急情况，但在公司可控制范围内。

（3）一级（社会级）响应

发生一般及以上事故时，已超过公司事故应急救援能力，或者事故有扩大、发展趋势，或者事故影响到公司周边企业或社区时，由公司主要负责人报请政府及其有关部门支援或者建议启动上级事故应急救援预案。

3.2　事故及事故险情报告程序和内容

1）公司设置24小时报警电话：×××-××××××××

2）公司事故应急指挥部人员、各职能组组长联系电话已贴于各部门办公室和调度室。

3）发生事故后，第一发现人可用固定电话或手机报警。

4）一旦事故发生，现场人员应立即将事故情况报告事发部门负责人，事发部门负责人应立即将事故情况报公司应急救援指挥部的总指挥，事态紧急时事发部门负责人立刻报当地消防、急救等部门，并指挥现场处置，防止事故扩大。

5）公司应急指挥部接到事故的报告后，应记录报告时间、对方姓名、事故基本情况等内容；在启动本应急预案的同时，由信息发布组组长立刻向当地市场监管部门报告。

6）事故信息报告内容包括事故发生的单位、时间、地点、人员伤亡及财产损失情况、初步分析的事故原因、报告人姓名和电话等。

7）在向应急指挥中心等部门报告时，不得迟报、谎报、瞒报和漏报；在应急处置过程中，要及时续报有关情况。

3.3　响应程序

3.3.1　接警

通常情况下，事发部门负责人对安全事故采取如下几种接警方式：①巡查人员发现事故已经发生而人工报警；②员工或其他人员发现事故已经发生而人工报警；③其他方式接警。

接警及报告内容如下：①火灾、爆炸事故发生部门；②事故发生的时间、地点以及事故现场情况；③事故发生的简要经过；④事故已经造成的伤亡人数及事故已影响范围；⑤已经采取的措施；⑥其他应当报告的情况。

3.3.2　响应级别的确定

事发部门负责人接到生产安全事故报警后，立即前往事发现场进行确认，经确认确属安全事故，应在第一时间对现场事故情况做出级别判断，同时向应急指挥部报告事故的级别及发展情况。

3.3.3　应急启动

公司应急指挥部接到事故报告后，应立即启动本预案，通过广播、手机等方式组织应急救援小组和资源迅速投入应急救援行动中。公司的应急救援队伍应根据事态发展情况及事故的响应级别，按照各自的职责进行应急响应。

3.3.4　救援行动

1）应急指挥部接警后总指挥或副总指挥应立即发出预警信号，启动并实施相应的应急响应，做好现场指挥、领导工作。

2）应急指挥部应根据事故类型、严重程度等调集相应的应急救援小组和应急物资，立即展开应急救援行动。

3）公司应急救援小组应按照各自的职责与分工在应急指挥部的领导下展开应急救援行动。

4）现场人员在应急救援小组的指挥下采取有效措施，防止事故扩大。

3.3.5　应急资源调配

现场抢险组在应急指挥部的指挥下，根据现场应急救援的要求有序地提供所需物质装备，若部门无法提供所需的物质装备，应向其他单位或专业救援机构请求技术、物质装备的支援。

3.3.6　应急疏散避险

警戒疏散组在事故发生后应立即赶赴现场，根据事故实际情况和公司应急指挥部指令设置警戒区域，按预先设定的疏散路线、安置点，有序地疏散事故现场人员，并阻止无关人员进入事故现场，防止事态扩大造成其他人员伤害。

3.3.7　扩大应急响应程序

一旦发生突发事件，公司应急指挥部根据事故发生地点、类型及严重程度确定本应急救援预案的相应响应级别。如果事故不能有效处置，或者有扩大、发展的趋势，由公司应急总指挥将响应级别提高至上一级响应。事故造成的危害程度超出公司自身控制能力，或者要波及影响公司周边企业和社区时，需要政府提供援助支持的，信息发布组组长应将情况及时上报当地政府，请求启动相关的政府应急预案。政府预案启动后，指挥权上移，公司应急救援组织应积极配合政府应急处置工作。

3.3.8　应急救援行动要求

1）一切行动听从指挥，切不可随意行动，保持冷静，必须按照"员工和应急救援人员安全优先、防止事故扩大措施优先"的原则，快速组织先期抢险与救援。

2）各部门及全体员工要在总指挥、副总指挥和现场指挥的统一领导下，按照预案的要求和方案或指挥员的指令，迅速完成各项应急救援工作任务。

3）应急指挥部接到报警后，要立即组织应急救援力量赶赴现场进行应急救援抢险。

4）各应急救援人员和公司全体员工要本着遇事冷静、互相协调、通力配合、不慌不乱的原则，尽快完成报警、救援、疏散、保护现场等各项工作。

5）人员在安全地点集合后，要立即清点人数，向应急救援总指挥报告人员情况。如果发现缺员，应报告所缺员工的姓名和事故前所处位置等相关情况。人员疏散及物资转移时，要充分利用安全通道、安全出口、应急灯、疏散指示标志等有序进行，防止造成拥挤、踩踏等事故。

6）抢险结束后，应急救援人员应对现场进行检查，确认无误后由总指挥下达人员撤离现场的命令，并指定人员对现场实施警戒保护，严禁无关人员进入现场，确保现场的原始状态，随后进入善后工作处理阶段。

3.3.9　控制事故扩大措施

1）抢险人员进入危险区必须佩戴防护和救护装备与设备，做好自身安全防护。抢救时要随时注意风向的变化，避免发生意外伤亡。

2）抢险人员应集体行动，相互照应。

3）要带好通信联系工具，随时保持联系。

4）信息发布组组长及时与公安、消防、医疗救护取得联系，以便与专业队伍共同协调行动，互相配合，提高救援效果。

5）若发生伤亡事故，抢救、急救工作要分秒必争，及时、果断、正确，不得耽误、拖延。

6）应急救援人员必须在确保自身安全的前提下进行应急救援。

7）事故现场发生了不可控制的情况，应急救援人员不能确保自身安全时，现场指挥部应根据情况发出撤退的指令。

8）确认紧急情况结束，危险已经消除，待指挥部发出命令后，全体员工方可重新进入现场。

3.3.10　应急恢复

待事故调查工作全部结束后，解除警戒，组织人员进行现场清理工作，组织灾后重建，使生产、工作、生活和生态环境迅速恢复到正常状态。本公司事故应急响应程序如下：

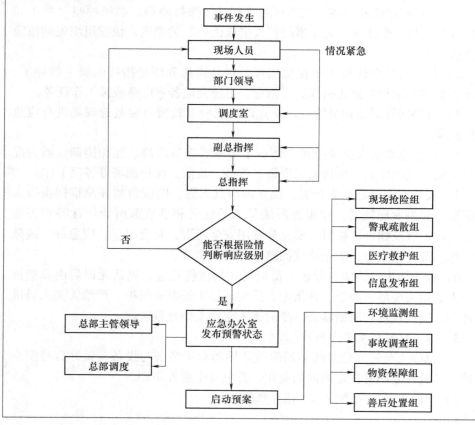

4　处置措施

4.1　异常情况处置措施

4.1.1　超温

1）当压力容器温度超过其允许温度时，操作人员应及时查找原因并报告当班班长及工段管理人员，并采取措施，使温度恢复到指标范围内。

2）如果超温情况无法控制，应立即通知当班调度，必要时应紧急停车。

3）如果超温情况越来越严重，必须立即报告生产主管部门，组织人员进行分析、查找原因，避免事故的扩大。

4.1.2　超压

1）当压力容器出现压力上升时，应立即与调度、后工序联系，调整压力。

2）当出现超压时，应及时逐步开启安全装置，使压力控制在指标范围内，并立即联系调度。待压力下降后，逐步关闭安全装置。

3）当压力情况发生异常时，应立即通知调度，必要时做出紧急停车处理，防止事故扩大。

4.1.3　泄漏

1）当压力容器发生微小泄漏时，操作人员应立即报告班长、当班调度，切断相关阀门，联系维修人员进行维修。

2）当压力容器泄漏比较大时，应通知调度紧急停车处理，防止事故进一步扩大。

3）压力容器大量泄漏，报警系统或操作人员虽能及时发现，但一时难以控制，其介质又属危化品，为防止事故的进一步扩大，危及公司及周边安全，应立即启动公司《危化品事故应急预案》。

4.1.4　停电

1）停电时，应联系调度、生产部门，同时按照公司各岗位操作规程进行操作，紧急停车，切断相关阀门。

2）停电时，岗位操作人员必须坚守岗位，待来电后，按照调度指挥恢复生产。

4.1.5　爆炸

1）因压力容器的爆炸而发生重大事故，报警系统或操作人员虽能及时发现，但一时难以控制，应紧急停车，疏散人员。

2）立即启动公司《危化品事故应急预案》，相关人员立即到位，指挥、组织救援，及时控制和消除事故的危害。

4.2　日常保障措施

1）加强对压力容器装置的巡视和检查，对振动、异常响声等现象分析原因，及时采取措施。当压力容器有泄漏现象时，必须立即查明原因、采取措施进行处理。

2）加强对压力容器接管、阀门、管道弯头等的检查工作，发现缺陷（如表面裂纹、冲刷减薄或材质问题）应及时采取措施。

3）加强对蒸汽系统中的高中压疏水、排污、减温水等小口径管道的管座焊缝、内壁冲刷和外表腐蚀现象的检查，发现问题及时处理。

4）对过热蒸汽管道、弯管、弯头、阀门、三通等大口径部件及其相关焊缝进行定期检查。

5）全面检查管道的局部缺陷，发现超过质量标准的应进行处理。

6）应急救援结束后，公司主管部门牵头汇总应急救援工作总结报告。

附件1　应急物资装备表

序号	装备名称	型号规格	数量	存放地点	保管人	联系电话
1	防爆对讲机					
2	救护车					
3	干粉灭火器					
4	空气呼吸器					
5	便携检测仪					

固定式压力容器年度检查记录

设 备 品 种：　第二类压力容器

设 备 名 称：　　　蒸压釜

设 备 代 码：21502301020210098

单位内编号：　　　　1#

检 查 日 期：2022 年 5 月 16 日

××××有限公司

压力容器年度检查记录

报告编号：SXXD2022-01

设备名称	蒸压釜	容器类别	固定式压力容器
使用登记证编号	容 15 陕 A00089（21）	单位内编号	1#
使用单位名称	××××有限公司		
设备使用地点	××省××市××区××路 188 号气动车间		
安全管理人员	张三	联系电话	
安全状况等级	1 级	下次定期检验日期	2024.10.10

检查依据	《固定式压力容器安全技术监察规程》（TSG 21—2016）
问题及其处理	检查发现的缺陷位置、性质、程度及处理意见（必要时附图或者附页） 　1. 安全阀超期未校验，限 7 日内改正并应采取有效措施确保改正期间的安全，否则暂停该压力容器使用。 　2. 未将使用标志置于压力容器显著位置。 　3. 压力容器使用登记证上的单位名称与公司营业执照上的单位名称不一致，应到特种设备使用登记管理部门办理使用证变更。

检查结论	基本符合要求	允许（监控）使用参数			
		压力	1.59MPa	温度	220℃
		介质	水蒸气		
	下次年度检查日期：	2023 年 5 月			

说明	（监控运行需要解决的问题及完成期限）

检查：张××	日期：2022.6.10	审核：王××	日期：2022.6.10

（续）

序号		检查项目		检查记录	检查结论	备注
1	安全管理情况	安全管理制度	特种设备安全管理机构和相关人员岗位职责	制定有相关人员岗位职责，职责明确、合理	√	本单位无高耗能特种设备，不需要设立特种设备安全管理机构
2			特种设备经常性维护保养、定期自行检查和有关记录制度	有制度，有实施记录		
3			特种设备使用登记、定期检验实施管理制度	有使用登记和定期检验实施制度		
4			特种设备隐患排查治理制度	有隐患排查治理制度		
5			特种设备安全管理人员与作业人员管理和培训制度	有安全管理人员与作业人员管理和培训制度		
6			特种设备采购、安装、改造、修理、报废等管理制度	有特种设备采购、安装、改造、修理等管理制度		
7			特种设备应急救援管理制度	特种设备应急救援管理制度经审核批准		
8			特种设备事故报告和处理制度	有特种设备事故报告和处理制度		
9			高耗能特种设备（换热器）节能管理制度	—		
10			压力容器装置巡检制度	有压力容器装置巡检制度，有实施记录		
11			压力容器工艺操作规程	压力容器工艺操作规程内容符合要求		
12			压力容器岗位操作规程	压力容器岗位操作规程内容符合要求		
13		设计制造安装改造维修资料	设计文件	设计文件齐全	√	
14			竣工图样	竣工图样符合要求		
15			产品合格证	有产品合格证		
16			产品质量证明文件	产品质量证明文件齐全		
17			安装及使用维护保养说明	—		
18			监督检验证书	有制造监督检验证书		
19			安装、改造、修理资料	压力容器安装交工资料齐全		
20		使用登记	特种设备使用登记表	压力容器使用登记表上的单位名称与公司营业执照上的单位名称不一致	×	
21			特种设备使用登记证	压力容器使用登记证上的单位名称与公司营业执照上的单位名称不一致		

（续）

序号	检查项目		检查记录	检查结论	备注
22	日常记录	压力容器日常维护保养记录	有日常维护保养记录	√	
23		压力容器运行记录	有压力容器运行记录		
24		压力容器定期安全检查记录	有定期安全检查记录		
25	检验报告	年度检查报告及问题处理情况	—	—	2021年5月投用
26		定期检验报告及问题处理情况	—		
27	安全附件校验、修理和更换记录		有安全附件校验、修理和更换记录	√	
28	预案及演练	专项应急预案	编制了专项应急预案，经过审批，签字齐全	√	
29		演练记录	2021年12月8日进行应急预案演练，有演练记录		
30	记录	压力容器事故、故障情况记录	有事故、故障情况记录	√	
31	标识	产品铭牌	产品铭牌与压力容器一致	×	
32		有关标志（安全警示标志、特种设备使用标志）	未将使用标志置于压力容器显著位置		
33	本体接口焊接接头	压力容器本体有无裂纹、过热、变形、泄漏、机械接触损伤等	本体完好，未发现缺陷	√	
34		接口（阀门、管路）部位有无裂纹、过热、变形、泄漏、机械接触损伤等	各阀门和管路接口部位未发现缺陷		
35		焊接接头有无裂纹、过热、变形、泄漏、机械接触损伤等	焊接接头未发现缺陷		
36	外表面检查	外表面腐蚀情况	外表面无腐蚀	√	
37		异常结霜、结露情况	外表面无异常		
38	隔热层检查		保温层完好	√	
39	泄漏孔	检漏孔检查	各检漏孔无堵塞，无泄漏	√	
40		信号孔检查	—		
41	压力容器与相邻管道或者构件间异常振动、响声或者相互摩擦情况检查		与相邻管道、构件间无异常振动、响声或者相互摩擦	√	
42	支座检查	支承或者支座检查	支座完好，无异常	√	
43		设备基础检查	设备基础完好，未发现异常		
44		紧固螺栓检查	紧固螺栓齐全，未发现异常		

（续）

序号		检查项目		检查记录	检查结论	备注
45	容器本体及运行状况	排放（疏水、排污）装置检查		排污管和排污阀完好，有定期排污记录	√	
46		运行期间超温、超压、超量等情况检查		检查压力容器运行记录，未发现异常	√	
47		接地装置检查（罐体有接地装置的）		接地装置完整	√	
48		监控措施是否有效实施情况检查（监控使用的压力容器）		—	/	
49	安全附件	安全阀	选型是否正确	A48H-25		
50			校验有效期内	校验有效期至 2022 年 05 月 10 日，已超期		
51			防止重锤移动和越出的装置、铅封装置、防止重片飞脱的装置	铅封装置完好	×	
52			安全阀和排放口之间装设的截止阀是否处于全开位置及铅封是否完好	截止阀处于全开位置		
53			安全阀是否有泄漏	无泄漏		
54			放空管通畅，防雨帽完好	放空管通畅		
55		爆破片装置	爆破片是否超过规定使用期限	—		容器本体上未安装爆破片装置
56			爆破片的安装方向是否正确，产品铭牌上的爆破压力和温度是否符合运行要求	—		
57			爆破片装置有无渗漏	—	/	
58			爆破片使用过程中是否存在未超压爆破或者超压未爆破的情况	—		
59			与夹持器相连的放空管是否通畅，放空管、防水帽、防雨片是否完好	—		
60			爆破片和压力容器间装设的截止阀是否处于全开状态，铅封是否完好	—		
61			爆破片和安全阀串联使用情况检查	—		
62		安全联锁装置	安全联锁装置完好，无缺件，动作灵活	安全联锁装置完好，无缺件，动作灵活	√	
63			安全联锁装置功能符合要求	安全联锁装置功能经现场试验，符合要求		
64	仪器仪表	压力表	压力表的选型是否符合要求	压力表的选型符合要求	√	
65			压力表的定期检修维护、检定有效期及其封签是否符合规定	有效期至 2022 年 6 月 10 日		

（续）

序号	检查项目		检查记录	检查结论	备注
66	压力表	压力表外观、精确度等级、量程是否符合要求	压力表精确度 1.6 级、量程 0~4.0MPa	√	
67		压力表装设三通旋塞或者针形阀时，开启标记及其锁紧装置是否符合规定	三通旋塞开启标记及其锁紧装置符合要求		
68		同一系统上各压力表的读数是否一致	两块压力表读数一致		
69	仪器仪表	液位计	液位计的定期检修维护是否符合规定	—	/
70			液位计外观及其附件是否符合规定	—	
71			寒冷地区室外使用或者盛装0℃以下介质的液位计选型是否符合规定	—	
72			易爆、极度或者高度危害的液化气体，液位计的防止泄漏保护装置是否符合规定	—	
73		测温仪表	测温仪表的定期校验和检修是否符合规定	温度计的校验和检修符合要求	√
74			测温仪表的量程与其检测的温度范围是否匹配	温度计量程 0~400℃	
75			测温仪表及其二次仪表的外观是否符合规定	温度计外观完好	

注：1. 本表是压力容器年度检查的基本要求，使用单位可以根据本单位压力容器使用特性增加或调整有关检查项目，如本单位无非金属压力容器，可以把非金属压力容器检查项目去掉。

2. 无问题或合格的检查项目在检查结果栏打"√"；有问题或不合格的检查项目在检查结果栏打"×"，并在备注中说明；实际没有的检查项目在检查结果栏填写"无此项"，或者按照实际项目编制；无法检查的项目在检查结果栏打"／"，并在备注栏中说明原因。

附录 F　压力容器年度检查报告示例

压力容器年度检查报告

报告编号：SXXD2022-01

设备名称	蒸压釜	容器类别	固定式压力容器
使用登记证编号	容 15 陕 A00089（21）	单位内编号	1#
使用单位名称	××××有限公司		
设备使用地点	××省××市××区××路 188 号气动车间		
安全管理人员	张三	联系电话	
安全状况等级	1 级	下次定期检验日期	2024. 10. 10

检查依据	《固定式压力容器安全技术监察规程》（TSG 21—2016）
问题及其处理	检查发现的缺陷位置、性质、程度及处理意见（必要时附图或者附页） 　1. 安全阀超期未校验，限 7 日内改正并应采取有效措施确保改正期间的安全，否则暂停该压力容器使用。 　2. 未将使用标志置于压力容器显著位置。 　3. 压力容器使用登记证上的单位名称与公司营业执照上的单位名称不一致，应到特种设备使用登记管理部门办理使用证变更。

检查结论	基本符合要求	允许（监控）使用参数			
		压力	1.59MPa	温度	220℃
		介质	水蒸气		
	下次年度检查日期：　　　　2023 年 5 月				

说明	（监控运行需要解决的问题及完成期限）

检查：张××	日期：2022. 6. 10	（检查单位检查专用章或公章）
审核：王××	日期：2022. 6. 10	
审批：李××	日期：2022. 6. 15	2022 年 06 月 15 日

参 考 文 献

[1] 张纲,钟真真.中华人民共和国特种设备安全法实务全书［M］.北京:中国法制出版社,2016.

[2] 中华人民共和国国家质量监督检验检疫总局.特种设备使用管理规则:TSG 08—2017［S］.北京:新华出版社,2017.

[3] 中华人民共和国国家质量监督检验检疫总局.固定式压力容器安全技术监察规程:TSG 21—2016［S］.北京:新华出版社,2016.

[4] 中华人民共和国国家质量监督检验检疫总局.安全阀安全技术监察规程:TSG ZF001—2006［S］.北京:中国计量出版社,2006.

[5] 全国图形符号标准化技术委员会.图形符号 安全色和安全标志 第5部分 安全标志使用原则与要求:GB/T 2893.5—2020［S］.北京:中国标准出版社,2020.

[6] 中国机械工业联合会.安全阀与爆破片安全装置的组合:GB/T 38599—2020［S］.北京:中国标准出版社,2020.

[7] 全国锅炉压力容器标准化技术委员会.承压设备损伤模式识别:GB/T 30579—2022［S］.北京:中国标准出版社,2022.

[8] 周震.锅炉压力容器压力管道安全泄放装置实用手册:安全阀［M］.北京:中国标准出版社,2003.